サーストン万華鏡

人と数学の未来を見つめて

小島定吉・藤原耕二

〈編〉

共立出版

まえがき

　万華鏡は，何色かに塗り分けられたビーズなどの細片が内側に鏡が貼られた筒に入れられ，一方から覗き込むと細片の組合せの鏡映模様が見える玩具である．筒を一振りすると組合せが変わり違った模様が見え，際限なく楽しめる．

　サーストン（William P. Thurston）は類稀な数学者であった．1980年に幾何化予想を提唱し，21世紀初頭のペレルマン（Grigori Perelman）による100年来のポアンカレ（Henri Poincaré）予想解決のお膳立てをし，今世紀初頭にその完成を見て，2012年8月に66歳で他界した．生前サーストンは幾何化予想の一般向けの説明の際に万華鏡を用い，色を8種類の幾何構造，細片を多様体のピース，鏡映模様を幾何学的ピースに分解された3次元多様体にたとえた．万華鏡を一振りするたびに新しい多様体が生まれる．この平易な説明には，頭の中に万華鏡があるようなサーストン独特のセンスが輝いている．単に天才肌という言葉では言い尽くせないサーストンの感覚に直に接し感嘆した人は数多い．

　本書は，企画当初にはこうしたサーストンの感性を象徴するエピソードを集め，その根底にある数学観や柔軟思考について，一般の読者を対象に記すことを目指した．アイデアには多方面から賛同が得られ，珠玉の原稿が集まった．

　一方で，背景を異にする複数の著者が同時進行で原稿を書き進めたため，内容に少なからず重複がある．書き手が違えば同じことの捉え方も千差万別であり，むしろサーストンの個性を多角的に表現するのには良かれと思い，あえて編集はしていない．その結果ではあるが，各章はおおむね独立して読めるようになっている．第3，4章の一部，および第6–8章は数学の専門性が前面に出ているが，それ以外は専門知識の有無にかかわらず，誰もがサーストンの人柄や数学観に触れることができるのではないだろうか．一辺倒ではなかったサーストンの人生や数学観を著者各々が感じたままに提示することで，サーストン

が私達に残してくれた贈り物を読者と共有できればと思う.

　本書は数学者を描く書物としてはユニークで,数学という枠を超え,多様な読者から広く共感が得られるように仕上がったのではないかと期待している.刊行にあたり,企画に賛同いただいた著者の方々,編者の我儘に真摯に付き合ってくださった共立出版の髙橋萌子さんに感謝の意を記しておきたい.

2020 年 8 月

小島定吉・藤原耕二

目 次

III部 数学を表現すること

IV部 数学の種はそこに──サーストンが他分野を見ると──

V部 サーストンが遺したもの

I 部

数学者ウィリアム・サーストン

第 1 章
サーストン小史

小島 定吉

　知の巨人と称されるポアンカレ（Henri Poincaré）は，1895 年に「位置解析」と題する論文を発表し，その後 10 年間にわたり五つの補遺を記し，最後の補遺で，

　　単連結な 3 次元閉多様体は 3 次元球面に位相同型か

という基本的な問いを残した．この問いは後に肯定的な解を想定してポアンカレ予想と名付けられ，今日トポロジー（位相幾何学）とよばれる図形の大域的性質を論じる幾何学の新しい分野を切り拓いた．ポアンカレ予想は，ボストンから北西に 80 キロくらいのところにあるクレイ数学研究所が 2000 年に発表した七つの数学のミレニアム懸賞問題の一つであり，研究所内の透明な間仕切りには，シンボリックに

$$\pi_1(M) = 0 \implies M \approx \mathbb{S}^3$$

と記されている．

　ポアンカレが創始した多様体の単体的複体としての扱いは，位相空間論および微積分学の延長としての多様体論の充実，さらにホモロジー論やホモトピー論等の代数的トポロジーの充実に発展し，1930 年代には分野名が定着して 1940 年代からトポロジーの全盛期が始まった．ホイットニー（Hassler Whitney）やモース（Marston Morse）による微分可能多様体のトポロジーの研究があり，ミルナー（John Milnor）によるエキゾチック球面の発見があった．さらにスメイル（Stephen Smale）とストーリングス（John Stallings）による 5 次元以上での一般化されたポアンカレ予想の解決があり，そしてサリバン（Dennis Sullivan），ブラウダー（William Browder），ウォール（Terry Wall）による

手術理論が完成し，1970 年代当初には可微分多様体の分類は一段落したと思われていた．一方で，そもそものポアンカレ予想はほとんど手付かずで，4 次元の場合も深い闇に包まれていた．

　サーストン（William P. Thurston）が数学の世界にデビューしたのはちょうどこの時期である．1946 年生まれのサーストンは，カリフォルニア州立大学バークレー校でハーシュ（Morris Hirsch）に師事し，葉層構造の研究でつぎつぎと華々しい成果を発表する．特に 1972 年にアメリカ数学会の速報（research announcement）を掲載するブレティン（Bulletin）に発表された，葉層構造のコボルディズム不変量であるゴドヴィジョン-ヴェイ（Godbillon-Vey）不変量が連続値をとるという結果は，数学のコミュニティーからは驚きをもって受け止められた．1973 年に東京で "Manifolds Tokyo 1973" と題する国際研究集会が開かれた．サーストンは来なかったのだが，集会の報告の中で当時葉層構造論の研究を日本で主導していた東京大学の田村一郎教授は，著名なマザー（John Mather）が自分の仕事には触れず，多様体の自己位相同型群のコホモロジーに関する若造サーストンの研究成果を紹介したのには驚いたと記している．

　サーストンは，その後双曲幾何学への深い洞察を背景に興味を 3 次元多様体論に移していった．バークレー博士課程修了後，プリンストン高等研究所で 1 年，マサチューセッツ工科大学で 1 年の助教授経験を経て，1974 年に若干 27 歳にしてプリンストン大学の教授に就任する．プリンストン大学の数学教室は世界の俊才を集める牙城で，周囲から大きな期待が込められていたことは間違いない．1977/78 年には「3 次元多様体の幾何とトポロジー」と題する講義を行い，当時サーストンの学生だったフロイド（William Floyd）とカーコフ（Steven Kerckhoff）をゴーストライターとする講義録が，まだ電子メイルなどの通信手段はない時代にあって，郵送により世界中に配信された．その数は優に 1300 を超えたという記録がある．講義録のオリジナルは，現在はサーストンが 1992 年から 5 年間所長を務めたバークレーの数理科学研究所（Mathematical Sciences Research Institute，以降 MSRI と略す）で，手書きの図版はそのまま残しテキスト部分は TeX 化され管理維持されている（文献 [1-5]）．講義録を出版物としてまとめる努力は，レビィ（Silvio Levy）らの強力な後押しがあったものの，20 年近くを経て，欠落する二つの章を含め 13 章あるうちの最初の 3 章のみが

拡大され，文献 [1-7] として出版されたに留まっている．

　一方，サーストンは 1970 年代後半にはハーケン多様体に対する一意化定理を証明し，スミス予想の解決に大きな貢献を残した．このイベントはサーストンの知名度を広く数学界全体に引き上げた．ハーケン多様体に対する一意化定理とは，ハーケン多様体とよぶ 3 次元多様体のあるクラスに限れば，埋め込まれた本質的トーラスが境界にイソトピックであれば，双曲構造，すなわち断面曲率が至るところ −1 で一定のリーマン計量を許容するという主張で，リーマン面の一意化定理の種数が 2 以上の場合の極めて一般的な 3 次元版に相当する．例えばハーケンという条件は境界があればみたされるので，絡み目の補空間などにはすぐ適用できる．

　スミス予想は，3 次元球面の有限巡回群作用の固定点集合は自明な結び目に限ることを主張する．サーストンの一意化定理により想定される固定点集合の補空間の基本群は，おおむね 3 次元双曲空間の等長群と同型な PSL$(2, \mathbb{C})$ の離散部分群として実現できることが根拠となり，表現論や表現空間の深い知識と極小曲面論の手法が絡まり解決に至ったことが，当時の議論を集めた論文集 [1-3] に記されている．そこにはモーガン（John Morgan）による一意化定理の証明の概要の解説がある．ところでサーストン自身は，一意化定理の証明を 6 編の論文で完成させプリンストン大学と高等研究所の紀要である "Annals of Mathematics" に出版すると宣言したが，実際は第一部を出版したのみで，第二部と第三部はサーストンが逝去した 2012 年の時点で依然としてプレプリント，残りの 3 編は予稿すら現存しない．しかし，サーストンのハーケン多様体に対する一意化定理の証明は，命題を主張した直後から理解者が少なからずいて正しいと認知され，その後カポビッチ（Michael Kapovich）によるフォロー [1-2] 等が出版されている．

　1970 年代の 3 次元多様体論は，サーストンの動きとは独立に，ワルトハウゼン（Friedhelm Waldhausen）によるハーケン多様体に対する構造定理を精密化したジェイコー（William Jaco）・シャーレン（Peter Shalen）および独立にヨハンセン（Klaus Johannson）によるトーラス分解の理論が完成する時期であった．この理論は，任意の埋め込まれた 2 次元球面が球体を囲むという既約性をみたせば，3 次元多様体間のホモトピー同値写像は本質的に埋め込ま

れたトーラスで，$\mathbb{S}^1$ 束のファイバーを保つ有限群作用の商であるザイフェルト
ファイバー束部分と，当時はシンプルとよんだ境界以外にトーラスを含まない
部分に分離できることを主張した．1970 年代の 3 次元多様体構造論の金字塔で
ある．

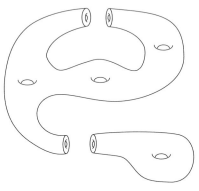

図 1.1　トーラス分解

　サーストンは，ワルトハウゼン・ジェイコー・シャーレン・ヨハンセンの理
論と自身のハーケン多様体の一意化定理を融合し，1980 年 4 月にインディアナ
大学で開催された「ポアンカレの数学的遺産」と題したアメリカ数学会主催の
記念シンポジウムでの講演で，つぎの幾何化予想を提唱した．

　　　任意の 3 次元多様体は，連結和分解およびトーラス分解の後の各ピースに
　　　は，局所等質リーマン構造が入る．

この命題が以降の 3 次元多様体論研究の方向性を大きく変える．講演に基づく
論文は文献 [1-8] として発表されている．
　ポアンカレ予想は，「単連結」という特別なホモトピー論的仮定をみたす多様
体は球面に限るという非常に限定的な命題で，現代数学の言葉を用いるとある
種の剛性を主張する．一方で幾何化予想は，3 次元多様体のほぼ分類を意味す
る主張で，球面およびトーラスによる自然な分解を経た後は，微分幾何的に明
快な局所等質構造が入ることを主張する．微分幾何では，例えばアインシュタ
イン・ケーラー計量の存在問題など，多様体の形に似合う曲率テンソルが明快

な計量を求めることは主要な課題である．サーストンの慧眼は，トーラス分解の後，ザイフェルトファイバー束構造をもつ部分以外のシンプルな部分は双曲幾何で一意化できると考えたことにある．

その後の3次元多様体のトポロジーの研究の流れは，結果として大きく二つに分断された．しかし20年後には突然のペレルマン（Grigori Perelman）による幾何化予想解決宣言で，双方向の試みが顔をつき合わせることになる．この間サーストン自身は，自らの万華鏡を持って行く末を観察していたと思われる．そこで，サーストンは1982年からの20年間どのような活動をしていたかについて触れておきたい．

サーストンは1982年フィールズ賞を受賞．授賞式はポーランドの国内事情のため1年遅れて1983年にワルシャワで開催されたICM82で挙式された．当時2男1女に恵まれていたが，授賞式には夫人（Rachel Findlay）を同伴し，自信に満ちた顔をしていた．またそれまでの経験からか，活動の重みを数学教育や数学と社会との接点に移しつつあった．

サーストンの学生であったウィークス（Jeffrey Weeks）の1985年の学位論文を契機に，数学の研究にコンピュータが有効であることがクローズアップされた．サーストンとマーデン（Albert Marden），エプスタイン（David Epstein）を中心とする数学界の大御所が一念発起し，アメリカ国立科学財団（National Science Foundation）の支援を得て，1989年に数学研究のためのコンピュータ図書館を想定したジェオメトリーセンター（Geometry Center）をミネソタ大学に附設した．当時はたいへん高価であったグラフィックス等を作成する際のリソースがほぼ無償で提供されるなど，ライブラリーとしての機能は十分果たした．しかし時代が進むに従いハードは飛躍的に安価になり，ジェオメトリーセンターは役目を終えたと判断され1998年に廃止された．

ジェオメトリーセンター発足と同時期に，当時まだ陽の目を見ることが少なかった実験数学という研究手法の重要性を支援する学術論文誌として，"Experimental Mathematics"誌（EM）が創刊された．ここで実験数学とは，証明を伴わない数学研究上の実験的な試みを指す．ジャッフィ（Arthur Jaffe）・クイン（Frank Quinn）は数学研究の根源に迫る挑発的な論説 [1-1] でこうした実験的試みは物理学での理論と実験の区別に倣い理論数学とよんでいるが，用語

として市民権を得ているとは思えない．誤解を避けるため，本章で実験数学とは，証明を伴わない数学の研究を相当の割合で含むことを敢えて強調しておく．数学研究における実験的考察は，オイラー（Leonhard Euler）やガウス（Carl F. Gauss）の紙の上での手計算など，風評はあるものの明確に数学の成果として評価されることは，おそらくこの時期まではなかった．サーストンは EM 誌の編集には携わらなかったものの，数学研究に実験を積極的に取り入れていることを公言し，EM 誌の創刊に大きく貢献をした．実験数学はハードとそれに伴うソフトの進展に連動して今日でも発展途上にあり，その必要性と重要性は今後さらに増すと思われる．

　サーストンは 1991 年にカリフォルニア州立大学バークレー校に戻り，1992 年 7 月から 1997 年 6 月まで MSRI の所長を兼任する．サーストンが所長を務めた MSRI の 5 年間は，数学研究上の電子化の促進と数学と社会との新たな接点の創出がテーマで，数多くの新しいプログラムが始まった．一方，ジャッフィとクインによる論説 [1-1] は 1993 年に発表されたが，多くの有力な数学者が意見を述べる中で，サーストンは自らの経験をもとにまったく独自の観点からの回答を文献 [1-6] に記している．この記事は，サーストンが，当時の世界の数学コミュニティーがどのように動いているかを観察し，自身がどう活動したいかを記した貴重な資料である．

　1996 年から二人目の夫人と共にカルフォルニア州立大学デイビス校に異動，二人の子供に恵まれる．そして 2003 年から，御祖母様が住んだイサカにあるコーネル大学へ異動する．

　サーストンは 1982 年から 20 年間は数学を超えた世界で多忙を極めたが，一方で同時期，幾何化予想に関してもサーストンの蚊帳の外で特筆すべき進展があった．ハミルトン（Richard Hamilton）は 1982 年に熱方程式の類似として，トポロジーのみが指定された多様体に対し，リーマン計量 g 全体の空間上のベクトル場であるリッチ流

$$\frac{d}{dt}\,g = -2\,\mathrm{Ric}_g$$

を導入し，曲率テンソルはリッチ流の時間発展に伴い平均化され，多様体にフィットするリーマン計量に収束することを期待した．さらにハミルトンは，リッチ

曲率正という初期条件の下で期待を正当化した．サーストンはハミルトンの定理が発表された直後，非自明な固定点集合をもつ群作用を許容する 3 次元多様体に対しては幾何化予想が成立することをオービフォールド定理として主張し，最後の場面でハミルトンの定理を使った．しかしサーストンの証明は直ちには受け入れられず，20 年弱を経てアメリカ・オーストラリアおよびフランス・スペイン・ドイツの二つのグループによりその詳細が埋められた．二つのグループの成果は，筆者らが 1998 年に東工大で開催した研究集会で初めて発表された．証明は基本的にサーストンが主張したプロセスに沿い，最後の場面でハミルトンの定理を使うことも変わらなかったが，細部を埋めるには新しいアイデアがいくつも必要だった．サーストンはこの集会のため初来日し，自らの定理に検証可能な証明が与えられる様を，特にコメントもせず淡々と聴いていた．来日を機会に，日本評論社の「数学セミナー」誌編集部がサーストンへのインタビューを企画し，幾何化予想の将来を尋ねたところ，近い将来ポアンカレ予想と同時に解決されると予言した（文献 [1-4]）．その数年前の 1994 年ごろ，ペレルマンは本格的にリッチ流の研究に取り掛かり始め，2003 年春におおむねハミルトンのプログラムに沿った幾何化予想の解決を宣言し，サーストンの予言が的中する．

　リッチ流に纏わるこうした流れとは独立に，幾何化予想提唱の後，1990 年にキャッソン（Andrew Casson）・ユングリース（Douglas Jungreis）および独立にガバイ（David Gabai）が，基本群が無限巡回群 $\mathbb{Z}$ を正規部分群として含む既約多様体はザイフェルトファイバー空間であるという，ザイフェルトファイバー空間予想を解決した．これにより幾何化予想は，基本群が有限の場合の楕円化予想と，基本群が $\mathbb{Z} \times \mathbb{Z}$ を含まないか，含む場合は対応するトーラスからの写像が境界にホモトピックである場合の双曲化予想に帰着された．こちらの流れには多くのトポロジストが関わり，二つの予想は異質のものとして独立に研究され，特に双曲化予想の方は今世紀初頭まで著しい進展があった．

　そうした時期にペレルマンの 3 編の論文が arXiv に発表され，幾何化予想とその周辺にいた研究者は，方向性の転換を迫られた．ペレルマンの論文は行間がたいへん広く，発表当時からしばらくは世界の各所で詳細の検討が重ねられ，2006 年にマドリッドで開催された国際数学者会議でモーガンによりその解決が

図 1.2　来日時のサーストン（文献 [1-4] より．写真提供：数学セミナー編集部）

宣言され，ペレルマンはフィールズ賞授賞の栄誉に輝いた．しかし同氏は受賞を辞退した．

　ペレルマンの仕事が発表されたころから，サーストンは幾何化予想の解決についてはあまりものを語っていない．その間の関連する大きなニュースとして，2005 年に文献 [1-7] に対してアメリカ数学会 Book Prize を受賞している．この賞は，著しい貢献が認められる卓越した研究書に授けられる．また，2012 年にアメリカ数学会 Steele Prize（独創的研究部門）を受賞している．その授賞理由は「3 次元多様体論に革命をもたらした」とされている．

　一方，数学と社会との接点に対するサーストン独自の主張はこの間も健在で，多くのエピソードを残している．日本との関係でいえば，2010 年春に開催されたパリコレで，我が国の代表的なアパレルメーカーである ISSEY MIYAKE のコレクション発表に全面的に協力，ショーの最後では当時クリエイティブディレクターだった藤原大氏が率いるパリコレチームと共にステージに上がり，サー

ストンらしい独特の挨拶をする姿が多くのメディアに流れた.

　2012 年にメラノーマ（悪性黒色腫）を患っていることがわかる. メラノーマ
は悪性皮膚癌であるが, サーストンの場合発生部位が皮膚表皮ではなかったた
め発見が遅れたようで, その後の進行が著しく早く, 同年 8 月 21 日に逝去. 心
から冥福を祈りたい.

参考文献

[1-1] A. Jaffe and F. Quinn, "Theoretical mathematics"：Toward a cultural synthesis of mathematics and theoretical physics, Bull. Amer. Math. Soc., **29** (1993), 1–13.

[1-2] M. Kapovich, *Hyperbolic Manifolds and Discrete Groups*, Birkhäuser, Boston, (2001) and reprint (2009).

[1-3] J. Morgan and H. Bass, *The Smith Conjecture*, Pure and Applied Mathematics, 112, Academic Press (1984).

[1-4] 数学セミナー編集部, W. P. サーストン氏への 5 つの質問, 日本評論社, 数学セミナー 12 月号 (1998), 2–5.

[1-5] W. Thurston, The geometry and topology of three-manifolds, Princeton Lecture Notes, 1977/78. 以下でダウンロード可.
http://library.msri.org/books/gt3m/

[1-6] W. Thurston, On proof and progress in mathematics, Bull. Amer. Math. Soc., **30** (1994), 161–177.

[1-7] W. Thurston, *Three-Dimensional Geometry and Topology*, Vol.1, edited by Silvio Levy, Princeton Mathematical Series, 35., Princeton University Press (1997). 邦訳：小島定吉監訳,『3 次元幾何学とトポロジー』, 培風館 (1999).

[1-8] W. Thurston, Three-dimensional manifolds, Kleinian groups and hyperbolic geometry, Bull. Amer. Math. Soc., Vol. 6, No. 3 (1982), 357–381.

II 部

考えること，理解すること，伝えること

第2章

サーストンの数学観を読み解く

藤原 耕二

2.1 はじめに

　サーストンという独創的でユニークな数学者の数学観について，いくつかの文献に沿って読み解いてみたい．メインはサーストンが 1994 年に発表した "On proof and progress in mathematics"（文献 [2-6]．以下，Proof and Progress ともよぶ）という論考だが，その前に 2.4 節で "MathOverflow"[1] というオンラインのフォーラムにおけるサーストンの書き込みを紹介したい．フォーラムにおける質問者への回答としてサーストンが答えているが，そこに彼の数学観のエッセンスを見ることができる．Proof and Progress は数学者を読者に想定していると思うが，このフォーラムはもっと広い読者が対象である．このフォーラムへの書き込みは 2010 年ごろのものだが，サーストンの考え方の基本は 1994 年からあまり変わっていないことがわかる．

　つぎに，2.5 節でジャッフィ（Jaffe）とクイン（Quinn）が 1993 年に発表した "Theoretical mathematics: Toward a cultural synthesis of mathematics and theoretical physics"（文献 [2-5]．以下，JQ とも記す）という論考を見てみる．この論考を一つの契機として，ややそれに反論する形で，サーストンの Proof and Progress は書かれた．詳しくは本稿を見てほしいが，JQ の数学観を簡潔に述べるなら，定義・定理・証明（DTP）という伝統的・標準的な数学のスタイルに，JQ は新しい要素として，「予想」の役割を加えている．

　JQ の論考は，数学界に留まらず，より広いコミュニティーで話題になった．その一つとして，サイエンスライター，ホーガン（John Horgan）による Scientific American の記事 "The death of proof"（文献 [2-3]）を 2.6 節で取りあげる．

---

[1] MathOverflow の URL: https://mathoverflow.net/

これも JQ に刺激され書かれた記事である．サーストンへの取材も行い，サーストンの数学への言及も多い．この記事への違和感もサーストンにとって Proof and Progress を発表する動機になっている．

2.7 節でサーストンの論考 Proof and Progress を取りあげる．私が理解できる範囲で噛み砕いて説明することを試みるが，サーストンの文章は奥が深く消化するのが難しい．また，JQ の主張の根幹である「実験数学 VS 理論数学」という構図も一見すると突飛で，その本質を掴みにくい．そのため，どれだけ助けになるかわからないが，2.8 節で簡単な数学の例を取りあげてみた．楕円についてのいろいろな見方を説明したので，理解の一助になれば幸いである．

さらに，サーストンが亡くなった後，ホーガンが再び Scientific American に記事を書いているが，それを 2.9 節で簡単に取りあげた．2.10 節では，今回いろいろな文献を読んで考える中で，私自身が感じたいくつかの考えを書いた．

2.2　革命者サーストン

2.2.1　トポロジー

サーストンはトポロジーの世界を一新した革命者といってよい．数学を三つに大別すれば，代数・幾何・解析と分かれ，さらに，幾何は微分幾何と位相幾何の二つに分かれる．微分幾何はガウス，リーマンというような数学者が大きな貢献をしていて歴史が深く，物理学との関わりもよく知られている．例えば，アインシュタインの相対性理論は微分幾何の一分野であるリーマン幾何が重要な役割を果たしている．

一方，位相幾何はトポロジーともよばれるが，比較的新しい分野である．トポロジーの創始者の一人はポアンカレであり，その歴史は 100 年あまりである．ポアンカレは科学研究全般における巨人であるが，数学においても多様な貢献をした．トポロジーの基本的な概念を創出する中で，有名な「ポアンカレ予想」も生み出している．

トポロジーは 20 世紀の半ばに大きな興隆期があった．そこでは，ミルナー[2]，

---

[2] John Milnor（1931 年–）専門は微分位相幾何学，K 理論，力学系．7 次元エキゾチック球面（通常とは異なる微分構造をもつ球面）が存在することを示し，微分位相幾何学を確立した．1962 年にフィールズ賞受賞．

スメイル[3] というような数学者が，主に「高次元の」空間のトポロジーの研究において華々しい成果を出している．例えば，高次元の「ポアンカレ予想」の解決である．ここでの高次元の意味は，5 次元以上ということである．ポアンカレによるもともとの「元祖」ポアンカレ予想は，3 次元（つまり，私たちが普通になじんでいる世界の次元）のポアンカレ予想ということになる．

　一般の人からよく聞かれることに，「そもそも高次元の空間とは何ですか」というものがある．私自身は幾何学者であるが，高次元空間が特別「見える」わけではない．高校で習う数学にも出てくるように，空間では，普通，三つの座標 (x, y, z) を考えている．高次元空間では，さらに座標の数を 4 個，5 個と増やしてみて，その設定で計算をしたり，成り立つ公式を探したりしている，という面白みのない答えしかできない．

　とはいえ，「低次元」（普通，トポロジーでは 2 次元と 3 次元のことを低次元とよぶことが多い）ではなく，まずは高次元でポアンカレ予想が解決されたというのは，一見不思議に思うかもしれない．ただこれについては，証明まで見てみると，高次元の方が座標の数が多い分，自由度が高くて，いろいろなテクニックや操作が自由に使えることがかえってよかった，ということに気がつく．要するに，低次元の空間は窮屈で，何か細工をするにも不自由で，数学のいろいろな道具が使いにくいという点が難しさであり，逆に面白みである．

2.2.2　3 次元多様体の革命

　話をサーストンに戻すと，彼が革命を起こした研究分野の一つは，3 次元のトポロジーである．2 次元の幾何学・トポロジーとは，日常の言葉でいうと曲面の話である．意外なことに曲面に関する数学は奥が深く，いまだに様々な数学の分野と関わって深化し発展している．とはいえ，直感的には，曲面は球面，浮き輪のような形，... というように，すべてを順に羅列できる．すべてを羅列できて，違いを区別できるとき，数学では「分類ができる」という．その意味で曲面は分類ができている（図 2.1）．しかし，3 次元の図形（図形のことを数

---

[3] Stephen Smale（1930 年–）専門は微分位相幾何学，力学系，数値解析．力学系理論において記念碑的な馬蹄力学系を発見．モース理論の再考により，高次元（5 次元以上の）ポアンカレ予想を解決．1966 年にフィールズ賞受賞．

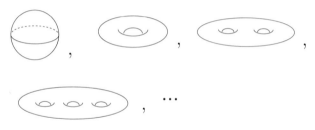

図 2.1　曲面の分類

学における専門用語では「多様体」とよぶ）を分類することは手がかりすらなかった．

　（3 次元の）ポアンカレ予想は，3 次元の多様体の分類のほんの一部，つまり「3 次元の球面」の見分け方についての予想であり，たったそれだけの問題が，20 世紀の初頭から数学者を悩ませてきていたのである．そんな状態だったので，3 次元多様体の分類は途方もない話であった．

　そこに突然サーストンが現れたのは 70 年代のことである．「双曲幾何学」と 3 次元多様体の思いもよらない関係についての（難解な）定理を証明し，その後に，その成果を軸として 3 次元多様体の分類についての予想である「幾何化予想」を提唱した．

　これは，何がどうなっているかわからない世界（例えば，宇宙でも密林でも砂漠でもよいのだが）について，突然，誰かがその地図や見取り図を示すようなものだ．何があるかわからない大海原に漕ぎ出す冒険家に，海図を与えるような頼もしい存在である．ただし，それが現実を忠実に再現・予言しているとしてではあるが．

　私自身は当時を知らないので，どのくらいの数学者がサーストンの提唱した幾何化予想を，確からしいもの・検討するに値するものとして受け入れたのかは実感としてはわからない．しかし，その後の 30–40 年の展開を見れば，幾何・トポロジーを牽引する原動力の一つであったことがわかる．

2.3　サーストンとの出会い

　私がサーストンの名前を初めて聞いたのは大学院生の時で，80 年代であった．

プリンストン大学でのサーストンによる講義をもとにしたレクチャーノートの
コピーが出回っていて，難解だが斬新で魅力的な内容だということだった．と
はいえ，当時私は微分幾何の勉強をしていたので，サーストンのレクチャーノー
トや論文を手に取ることはなかった．

　サーストンを初めて見た時のことをよく記憶している．私は 1993 年の秋か
らバークレーにある MSRI（数理科学研究所）にポスドクとして 1 年半ほど滞
在することになっていた．研究所の当時の所長はサーストンであったが，彼は
研究所が設置されている大学，UC（カリフォルニア大学）バークレー校の数学
教室の教授でもあった．

　バークレーに到着して大学が始まり（アメリカの大学は 8・9 月はじまり），
まもなくサーストンがセミナーで講演すると知った．クーパーバーグ[4] という
人が発表したばかりの「ザイフェルト予想[5] の反例」の論文について，サース
トンが解説の講演をするという．それを聞きに行ったのが，サーストンを見た
初めての機会だった．

　セミナーの部屋に行ってみると，すでに多くの人が座っていて講演の開始を
待っている．私にとってはバークレーで初めて聴くセミナー講演でもあった．
サーストンは写真でも見たことがなかったので，もしかしたらすでに部屋にい
るのかもしれない，などとも考えていた．しばらくして，大柄で長髪の数学者
が入ってきて，それがサーストンだった．

　講演時間となり論文の解説が始まった．これは力学系，詳しくは葉層構造に
ついての研究で，私の専門外でもあり，内容はよくわからなかった．証明のア
イデアの説明が始まったが，次第に複雑な議論になっていった．聴衆もどれだ
け理解していたかわからない．

　終盤にサーストンが言った言葉が印象的で覚えている．「Maybe you are lost,
but I am not.（たぶん，みんなはわからなくなったかもしれないけれど，私は
わかっている．）」ということだった．

　数学の講演は，たとえ自分が内容を理解できなくても，講演者の理解度の深

---

[4] Krystyna Kuperberg（1944 年–）専門は位相幾何学．ザイフェルト予想に対する反例を与え
　たことで知られる．
[5] 「3 次元球面 S^3 の余次元 2 の C^r 葉層構造が常にコンパクト葉をもつ」という予想．

さがわかることはよくある．この講演でも，サーストンが講演内容の本質を明晰に掴んでいることは私にも伝わった．

ところで，当時の UC バークレーの数学教室は，スター揃いだった．サーストン・スメイル・マクマレン [6]・ボーチャーズ [7]・ジョーンズ [8]・コンセビッチ [9] というようなフィールズ賞受賞者（その後に受賞した人も含む）に加えて，キャッソン [10]・カービー [11]・ストーリングス [12] というようなトポロジーの大御所がいた．また，後にポアンカレ予想を含む幾何化予想を解決するペレルマン [13] も，ポスドクとしていた．

バークレーは学生町ともいえる小さな町だが，車社会のアメリカでは通勤に車を使う人も多いので，毎朝の駐車場探しが大変だ．UC バークレーには面白い制度が当時あって，ノーベル賞受賞者にはキャンパスに専用の駐車スペースがあった．数学にノーベル賞はないが，数学教室の建物の前には，フィールズ賞受賞者専用のパーキングスペースがあり，その一つのスポットには，"Fields medalist, William Thurston" という青い立札があった．サーストンの車はトヨタのカムリで，日本車に乗っていることに親近感を覚えた記憶がある．

---

[6] Curtis McMullen（1958 年–）3 次元多様体論，複素解析，計算理論など多岐にわたる仕事をしている．もっとも知られているのは，複素力学系における業績である．1998 年フィールズ賞受賞．

[7] Richard Borcherds（1959 年–）弦理論，頂点作用素代数，一般カッツ・ムーディー代数を用いて，有限群論の最大の難問であったムーンシャイン予想を解決した．1998 年フィールズ賞受賞．

[8] Vaughan Jones（1952 年–）作用素環論を応用し，まったく新しい，理解しやすい結び目の不変量であるジョーンズ多項式を発見．作用素環論とトポロジーとの密接な関係を示した．1990 年フィールズ賞受賞．

[9] Maxim Kontsevich（1964 年–）専門は数理物理学，代数幾何学，トポロジー．場の量子論，超弦理論などからアイデアを得た数学を展開．量子重力に関するウィッテン予想の証明，結び目理論におけるコンセビッチ不変量の構成，ホモロジカル・ミラー予想の提起などの業績で知られる．1998 年フィールズ賞受賞．

[10] Andrew Casson（1943 年–）専門は高次元多様体のトポロジーや，3, 4 次元トポロジー．キャッソン不変量，キャッソンハンドル等で知られる．

[11] Robert Kirby（1938 年–）専門は低次元トポロジー，計算数学．カービー計算で知られる．

[12] John Stallings（1935–2008 年）専門は幾何的群論，3 次元トポロジー．1960 年に 6 より大きい次元のポアンカレ予想を証明したことで知られる（スメイルによる 5 次元以上のポアンカレ予想の証明の直後に，独立して証明した）．

[13] Grigori Perelman（1966 年–）3 次元ポアンカレ予想を，微分幾何や物理的アプローチで解決．2006 年フィールズ賞の受賞を辞退．

2.4　MathOverflow でのサーストンの意見

　サーストンの数学観を知るうえで有益なオンラインのサイトがあるので，そこでの彼の発言を見てみる．

2.4.1　数学にどう貢献するか

　MathOverflow というインターネット上のディスカッションフォーラムがあり，数学者や数学を学ぶ学生を中心とする多くの人が，様々な問いかけに対して意見を述べ合っている．やりとりは英語である．驚くことに，研究レベルのかなり高度な数学に関する質問も多くあり，それについて，時には一流の研究者からのこれまた驚くような回答が寄せられることもある．

　なかには，やや「やわらかめ」の質問も含まれる．あるとき，"What's a math-ematician to do?" というタイトルで，数学を学ぶ学部生が，つぎのような質問をした：数学で新しい発見をするにはすごいタレントが必要だ．ガウスやオイラーの仕事を学んで，それを現代的な枠組みで述べ直すことぐらいはできるかもしれないが，とても自分のような能力では，独創的な研究ができると思えない．自分のような人は，数学にいったいどんな貢献ができるのだろうか？

　これに対して，サーストンがつぎのように答えている．

> "君が貢献するべきものは，数学ではなくて，もっと深いものだ．人類にどのように貢献するか，さらには，この世の中をよくすることにどう貢献するか，そういうことである．では，数学をすることで，どのようにそういう貢献が可能なのだろうか？　そのような問いに論理的な回答をすることは不可能だ．なぜなら，われわれは社会的な生き物であり，一つ一つの行為がどんな影響を与えるのかは我々の理解を超えている．私たちの中でそれに答えられるほど聡明な人はいない．そういうときには，自分の情熱と心が命じることを行うのがいい．"（MathOverflow, Oct 30 '10 の投稿, CC BY-SA 2.5）

　私自身は，学生時代にこのような問いを自ら考えることはなかった．ただ，自分は数学者になれるだろうか，というような疑問に悩まされている友人・知

人たちがいたことを覚えている．「自分は数学者になれるのだろうか」というのは，自分が主なのか数学が主なのかという視点の差で，「自分は数学に貢献できるだろうか」とは違う形の問いかけだが，この二つは似通っていると感じる．サーストンの答えは，質問の答えにはなっていない．質問者の視点を 180 度変えていて，あらためて真に独創的な彼の一面を見る気がする．君が貢献すべきは，数学みたいに「ちっぽけな」ものではない．こんなことを言う人が，言える人がサーストン以外にいるだろうか．

　サーストンは，数学の営みとは，物事の本質を明晰に捉え，表現し，それによって理解を深めることであると考え，つぎのように続ける．

　　"数学の成果とは明晰さと理解である．数学の成果は定理そのものではない．例えば，フェルマの定理やポアンカレ予想の解決が，何かの「役に立つ」だろうか？　それらの定理の真の重要性は，それまでの理解を超えた問題として数学者に立ちはだかり，それに数学者が立ち向かい定理として確立する過程で，我々が数学についての理解を深めたことにある．"（Oct 30 '10 の投稿）

　この部分は私も同意できる．もちろん，数学者の栄光は，定理を最終的に，それも最初に証明した人だけに与えられる．フェルマの定理でいえばワイルス[14]，ポアンカレ予想でいえばペレルマンである．しかし，例えば，フェルマの定理についても，幾人かの数学者が大きな貢献をしている．

　フェルマの定理は数百年前の「予想」であり，ある方程式に自然数解があるかないかという問題である．数学では古来より，いろいろな方程式の解法を探したり，整数解を調べたりする問題が考えられており，その中の一つともいえる．$x^n + y^n = z^n$ はたしかに簡単で美しい方程式ではあるが，だからといって，それに自然数解があるか否かが重要な問題であるかどうかは別である．

　実際，長い間，フェルマの定理の現代数学における価値はそれほど高くはなかった．フェルマの定理を，現代的な整数論の深い理論と関連づけた数学者は

---

[14] Andrew Wiles（1953 年–）フェルマの最終定理を証明した業績により，1998 年フィールズ賞特別賞を受賞．

リベット [15] である．リベットのこの貢献により，フェルマの定理の現代数学における位置づけは，その歴史的な経緯も手伝って高いものになった．とはいえ，フェルマの定理を証明したのはあくまでワイルスであり，リベットとの共同の業績ではない．

　さて，サーストンの意見に戻ろう．

　　"数学は人間の知性によっているものだから，その意味で心理学の一部と考えることもできる．非人間的な数学というのがあるとしたら，それはコンピュータのコードのようなもので，それは我々の数学とは違う．数学の概念は，簡単なものですら人から人へ伝えるのは難しい．数学の概念には，理解するまでは難しいが，一度理解してしまえば簡単なものもある．このような理由から，数学の理解は一定のペースで増え続けるものではない．"（Oct 30 '10 の投稿）

また，つぎのような指摘をする．

　　"しばしば，数学のある事柄についての理解が，なくなってしまうことがある．例えば，その分野の専門家が引退したり亡くなったり，または，他の分野に移って，知っていたことを忘れてしまったりするからである．"（Oct 30 '10 の投稿）

　このあたりのことは私も実感できる．サーストン自身，70 年代，80 年代は非常に多産で，多くの定理を証明し，多くの予想を残した．それらについて論文を書き，講演をし，講義をした．その講義の記録がレクチャーノートとして一部残っている（III部第 4 章参照）．たぶん，サーストンの頭の中には，当時，それぞれの定理についての完全な証明があったのだろう．しかし，一連の講義を講演者や出席者が書き留めたものを読んでいるだけでは，専門家でもサーストンが考えていただろう議論の細部まで詰め切れないことがある．

　その一つの例が「オービフォールド定理 [16]」だ．この定理も 3 次元双曲多様

---

[15] Kenneth Ribet（1947 年–）専門は数論，代数幾何．フェルマの最終定理が谷山-志村予想（モジュラー性定理）から帰結されることを示し，フェルマの最終定理の証明への道筋を示した．

[16] 軌道体定理．「非自明な固定点集合をもつ群作用を許容する 3 次元多様体に対しては幾何化予想が成立する．」→ 第 1 章参照．

体論における重要な定理の一つで，サーストンは完全な証明を知っていたと考えられる．しかし，証明の詳細が書き記されているかといえば，そうとはいえなかった．その後，数人の数学者による大きな努力により，90 年代にやっと証明のすべてが書き著された．そのとき，証明の細部を解明し，論文として書き留めた二つの研究グループのメンバーと，サーストン自身を含む研究者が一堂に会する大規模な研究集会が東京で開催された．主催は，（当時）東京工業大学の小島定吉先生（現 早稲田大学教授）で，私も参加したので思い出深い．

　集会では，研究グループによる詳細な証明の説明があり，サーストンもそれを静かに聴いていた．聴衆は時に，サーストンの反応が気になるが，サーストンはあまりコメントをしなかった．後で人から聞いたのだが，研究グループによる講演内容に関して，そのある技術的な側面について質問を受けたサーストンは，「実は詳細を覚えていない．もっときちんと書き留めておくべきだった」と言ったそうである．

　数学的真実は，この世でもっとも確かでゆるぎないものと考えられることが多いし，それは確かにそうではある．しかし，それは抽象的な構造や論理が人間の頭脳で結晶化し言語化したものであり，場合によっては，笊から砂がこぼれ落ちるように霧散してしまうことがある．では，どうしたらそれを記録して消失を食い止められるのだろうか．

　サーストンは，数学についての理解が時間とともに失われるメカニズムについてつぎのように続ける．

　　"数学は普通，形式的で具体的な形に表現され説明される．この方法は，核心となる概念やアイデアそのものを言葉で説明したりするよりも容易である．また形式的な表現は，一度通じてしまえば理解もしやすい．また，根本的な概念がわかってしまえば，形式的・具体的な記述をするのはやさしい．しかし，形式的・具体的な記述から概念を理解するほうは困難である．（しばしば，概念を説明し理解することよりも，形式的な記述が優先される．）しかし，数学的な共通理解や，そのときどきには当たり前と考えられていることが時代とともに変わると，かつて書かれた形式的な記述を理解することが難しくなる．"（Oct 30 '10 の投稿）

　これについて，私なりの説明を加えるために，引き算を考えてみよう．$8-6=2$ というような引き算の表現は，形式的で具体的な記述である．一方，引き算とは何なのかといえば，例えば，何かが 8 個あり，そこから 6 個取り除いたときに 2 個残る，「そういうこと」を表したものが引き算であり，これが引き算の根本的な概念である．もし，引き算が何であるかがわかってしまえば，くどくど言葉でいうより，$8-6=2$ と書くほうが簡潔だしすっきりわかる．しかし，引き算を初めて習う小学 1 年生に対して，ただ，$8-6=2$ と書いたところで，引き算の「概念」は伝わらない．

　そして，$8-6=2$ という書き表し方だけが残り，何かのきっかけで，その書き表し方が長い年月使われなくなったとしよう．そうすると，後世の人にとって，その意味を理解するのが難しくなる．例えば，エジプト時代の絵文字を使った記数法を，現在，すぐに理解するのはそれほど容易ではない．もちろん，$8-6=2$ 程度なら，後世の人でも想像はつくだろう．しかし，それが微分積分の計算だったりしたら，形式的な表示だけを見てその意味を理解することはより困難である．サーストンがいっていることは，そういうことである．

　もう一つ例を出そう．現在，小中高で習う算数・数学の内容は，ずいぶん昔のものが多く，また，時代に沿って学んでいるわけでなく，理解が容易なように再構成して学んでいる．いわゆる平面幾何などは，古代ギリシャの時代（BC 3 世紀ごろ），微分積分はニュートンがいた 17・18 世紀，また，確率論もパスカルがいた 17 世紀あたりが始まりである．高校後半から大学初年度で習う微分積分，行列（線形代数）などは，ほぼすべて西洋を起源にもつ．大学 1 年生に数学の授業をしていて，ただ一箇所，「これは日本人が見つけたことですが」と言える場所があり，それは線形代数の行列式である．江戸時代の和算家，関孝和 [17] は書物『解伏題之法』や『大成算経』で行列式の定義や「サラスの方法」などを発見していたとされる（図 2.2）．しかし，当時の和算書を見ても，彼らが何を，どう考えていたかが一目でわかるわけではない．ここでも，サーストンの指摘するように，数学的表現がそれほど普遍的でないことが見て取れる．

　このような考察を経て，サーストンはつぎのように結ぶ．

---

[17] 関　孝和（出生年不明–1708 年）江戸時代の和算家．中国渡来の天元術（算木による方程式論）に触発され独自に筆算式の記号法（傍書法）を考案した．傍書法は，未知量の表現を可能にし，和算の表現力・数式処理力を向上させた．

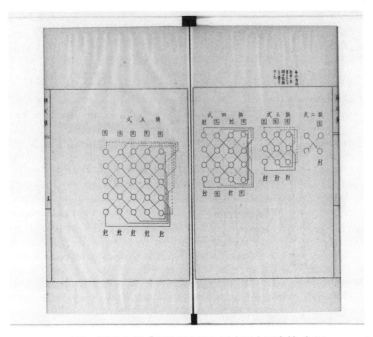

図 **2.2**　サラスの方法（関孝和編『解伏題之法』国立国会図書館デジタルコレクションより）．

　"つまり，（研究レベルの）数学というのは数学者がなす社会の中に存在していて，数学者は，たえずそれを伝え合い，新旧の文献に新しい生命を吹き込んでいる．数学の真のよろこびは，他の人から学んだり，他の人と知識を共有したりすることにある．（中略）誰が一番最初に（ちっぽけな）定理を証明したのかが，一番重要なのではない．もちろん，革新的な変化は重要だが，そのようなことはめったに起こらない．また，革新的な変化を維持し継続するのは数学者のコミュニティーであり，それなしには成り立たない．"（Oct 30 '10 の投稿）

　数学者がみな助け合っている，というのは事実である．よく聞く表現としては「数学者は大きな家族のようなものだ」とか，「数学者はオーケストラみたいだ」などがある．これはいくつかのことを表現している．一つは，数学の研究は単独でできるものではなく共同作業であるということである．もう一つは，数

学者にもいろいろな役割があり，その中には特別優れた人もいるし，また，ラッキーな人もいるということである．誰が最初に定理を証明したのかというクレジット（貢献に対する評価）を常に争うが，一方，家族のように助け合い，お互いに寛容であることが多い．

　私がサーストンの言葉で印象的なのは，「数学者は共同で数学を押し進めている」ということ以上のことを彼がいっていることだ．つまり，「数学の知識とは，数学者の社会の中にだけ存在しえて，もし，その人々がいなくなってしまえば，あれほど強固で明晰に見える数学的知識や理解ですら，意味のわからないものになってしまう」ということを指摘している．これは数学に限らず，知識の本質を言い当てた普遍的な洞察ではないだろうか．

　「数学の定理は一度証明されてしまえば，未来永劫正しい．例えばピタゴラスの定理のように」というのはよくいわれる事実である．サーストンは，これが一面の真理でしかないことを指摘している．例えば，ピタゴラスの定理は 2000 年以上前の定理であるが，今でも学校で教えられている．しかし，これまでに証明された定理は星の数ほどある．その中のほんの少しだけが，今でも数学者や一般の人の中で，生き生きと意味を持っているのだ．

2.4.2　数学者の思考

　MathOverflow におけるサーストンの意見をもう一つ取りあげたい．"Thinking and Explaining" というテーマである．

　フォーラムの参加者の一人がつぎのような問いかけをした：あなたが数学を考えるときの仕方やその内容と，他人に実際に言うこと・伝えることに，どのくらいギャップがありますか？　まず，この問いだが，前節の問いに対するサーストンの答えに現れた「形式 VS 概念」という対比に関連している．つまり，自分で考えるときは，概念的なことを考えているが，一方，そこで得られた知見を他人に伝えたり論文に表したりするときには，それを整理して，形式的な形で表現することが多い．

　サーストンの回答を見てみよう．

　　"私は長い間，この問いが問題にしている相違について興味を持ってきた．

私たちの知性は何百万年もの進化で培われたものだから，その思考内容を言語化するのはとても難しい．私の印象では，数学では，言語化されないプロセスの占める位置が大きい．（その結果，つぎのようなことが起きる．）例えば，自分にとっては当たり前に思える事柄があったとする．（中略）ところが，なぜそれが成り立つのかを説明しようとすると，それを説明する言葉が見当たらない．そういう場合，説明することをあきらめて，計算でそれを実証する方法を選択する．"（MathOverflow, Sep 14 '10 の投稿，CC BY-SA 2.5）

　具体的な例としてサーストンは，これは少し数学の知識がないとわかりづらいが，「何かの量が，ある種の変形をしても変わらないこと」を挙げている．それが数学的に正しいことは，自分には直観的に明らかなのに，その直観の内容を言葉ではうまく説明できないので，結局は計算に頼った別の論証をせざるをえないことになる．

　助けになるかわからないが，例を挙げてみる．半径 R の円の面積が πR^2 であること，また円周の長さ L が $2\pi R$ であることは中学校で習う．一方，底辺の長さが L で高さが R の3角形の面積は $L \times R \div 2 = \pi R^2$ で，円の面積に等しい（図2.3参照）．この事実を，直観的に説明する方法（具体的な計算をなるべく回避する方法）があるだろうか，またあったとして，それを，説得力をもって説明できるだろうか？　一つの説明方法は，上に挙げたように面積の公式を使って計算で確かめる方法であり，これがいわば計算に頼る方法である．

　さらにサーストンは，ある数学者が語ったつぎのような話も挙げている．その数学者は，「群論」[18]における「巡回部分群」について話していると，頭の

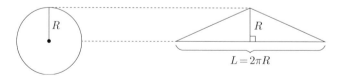

図 **2.3**　同じ面積をもつ円と三角形

---

[18] 群論（Group Theory）：代数学の概念で，かけ算を抽象化した演算をもつ体系の構造を研究する分野．

中には，群の元たちが円環状に並んでいくさまが浮かぶそうだ．しかし，学生に群の話をするときに，そのようなイメージを語ることはない．それを聞いたサーストンは，学生のころ群の概念を学び，群の「意味」を見つけ出そうと格闘したことを思い出したという．教科書の中では，群とは形式的な元の集まりにすぎないし，群論は定義と定理と証明の羅列であり，イメージに基づく記述は皆無である．

　サーストンは上記の二つの例を挙げた後で，つぎのような補足もしている．

> "私は数学を，「触って実感できるような科目」にすべきだと言っているわけではない．また，すべての場面で通用するわけではないだろうが，数学者一人ひとりが心の中で実際に考えていることを，今よりもっと他人に伝えることは，数学の理解にも定理の証明にも役立つのではないかと思う．他の人がどんなふうに数学を考えているか知りたい."（Sep 14 '10 の投稿）

　サーストンの数学観の一端が伝わっただろうか．普通に考えられている数学観や，数学者像とはずいぶんと違うのではないかと思う．

2.5　「理論数学？」ジャッフィとクインの主張

　1990 年代，「数学の新しいトレンド」についての議論のきっかけになった論考について見てみる．

2.5.1　「理論数学」とは

　ジャッフィ[19]とクイン[20]による論考 "Theoretical mathematics: Toward a cultural synthesis of mathematics and theoretical physics"（文献 [2-5]）は 1993 年に 数学専門誌 Bulletin of AMS に発表され，話題となった．以下，この論考またはこの二人を JQ とよぶことにする．

　当時の数学をめぐる時代背景に，80 年代におけるゲージ理論[21]の数学におけ

---

[19] Arthur Jaffe（1937 年–）ハーバード大学教授．専門は数理物理.

[20] Frank Quinn（1946 年–）専門はトポロジー．4 次元多様体の手術理論における貢献がある.

[21] ゲージ理論（Gauge Theory）：素粒子の相互作用の記述に際し，ゲージ変換に対して不変であるという要請を取り入れた理論．数学においては，ドナルドソン（Simon Donaldson）によるゲージ理論の 4 次元トポロジーへの応用以来，微分幾何や位相幾何をはじめとする様々な分野と密接な関連をもつことが明らかになっている.

る進展，超弦理論[22) の数学への影響などがある．数学者の中でも例えばアティヤ[23) のような大御所が，その動きを大きく後押ししていたし，1990 年に京都で開催された ICM（国際数学者会議）では，物理学者のウィッテン[24) がフィールズ賞を受賞した．私が初めてバークレーに行った 1993 年ころには，UC バークレーの数学教室に若きコンセビッチがいたが，コンセビッチは数学者の中でももっとも理論物理学を理解しているうちの一人である．

JQ はこの論考の中で，「理論数学」と「実験数学」という聞き慣れない概念を提唱して当時の状況を論じている．

2.5.2 理論数学 VS 実験数学

そもそも「理論数学」とは何なのだろうか．一見すると奇妙な造語に見える．その理由は，数学とはそもそも理論的なものであるはずだからだ．

JQ の説明はつぎのようである．まず，物理（または物理の論文や仕事）は，「理論物理」と「実験物理」の二つに分かれる．この二つには大きな違いがあり，実験物理においてはその結論（定理など）が実験によって「証明」されているが，一方，理論物理においては，その結論は「証明されていない」．

ここはわかりにくいので，噛み砕いてみる．理論物理においても，結論を導き出す過程で数学的な議論をしていることがしばしばある．その議論が，数学的に高度なこともままあるはずだ．しかし，数学的に精緻で高度な議論がなされても，それだけでは実際にある物理的現象を説明しているか（つまり，理論が「正しいか」どうか）の裏付けにはならない．もちろん，そもそも物理現象があり，それを理論的に説明している場合は順序が逆で，ここでいっているの

---

22) 超弦理論（Superstring Theory）：「物質は粒子ではなく，ひも状のものから成り立っている」という仮説に基づく理論．近年，盛んに研究されている「ミラー対称性」は超弦理論に由来する数学的な現象で，ある空間の複素幾何と別の空間のシンプレクティック幾何との間の様々な不思議な関係を指している．

23) Michael Atiyah (1929–2019 年) 専門は代数幾何，数理物理．「幾何学の金字塔」と評されるアティヤ-シンガーの指数定理で知られる．超弦理論を先導するウィッテンらに影響を与えた．1966 年にフィールズ賞受賞．

24) Edward Witten (1951 年–) 理論物理学者．M 理論を提唱し，第 2 次超弦理論革命の勃発に指導的役割を果たした．また，場の量子論のアイデアを数学，特に幾何学に応用．その功績は理論物理だけに留まらず，純粋数学に対しても著しい貢献があった．1990 年にフィールズ賞，2014 年に京都賞受賞．

は，まだ物理現象が発見されていない（または未来永劫に発見されないかもしれない）事柄についての理論の話である．要するに，理論物理は，実験や現象で検証・実証されていないという意味で，分類としては「理論」（現実に対比する意味であえていえば，空想）であるということである．

さて，この二分割の仕方，つまり，「証明（実証）されている実験物理」VS「証明（実証）されていない理論物理」という観点から数学を眺めてみよう．すると，数学では，すべての結論（定理）が証明されているわけで，数学の論文は，「実験」数学と「理論」数学という区別では，すべて実験数学に属することになる．つまり，厳密な証明という「実験」で，結論の妥当性が保証（実証）されているわけである．

しかし，JQ はつぎのような指摘をする．歴史を振り返ると，数学の中でも「理論数学」（つまり厳密な証明を伴わない結論を含む数学）がそれなりにあったというものだ．

例えば，最近の例として，20 世紀はじめのイタリア風の代数幾何を挙げている．当時，この分野ではいろいろな実例をもとに定理が述べられ，厳密な証明が与えられているとは限らなかった．その手法が積み重なり，いったい何が確かで何が確かでないのか，わかりにくい状況になっていた．あるとき，その反省から，そのような代数幾何を「実験数学」としてやり直す（つまり厳密な証明をつけていく）機運が生まれた．その後，数十年の努力の末，もちろん，今では代数幾何は「実験数学」に生まれ変わり，現代数学の華の一つである．つまり，すべての定理には厳密な証明がつけられている．

はじめに述べたように，JQ が発表された当時，ゲージ理論が数学に大きな影響を与えていた．このことから，数学において「理論数学」の役割を果たしているものの一つが，理論物理（例えば，超弦理論・場の理論 25) ・位相的量子場の理論 26)

25) 場の理論（(Quantum) Field Theory）：「場」とは一般に，空間の各点で値が指定された物理量のことであり，場の理論は「物体や粒子間に作用する力は，重力場・電磁場などの物理的場と相互作用し，場を変動させることにより伝わる」とする理論である．量子化された場の性質を扱う理論は「量子場の理論」とよばれる．量子場の理論は数学における様々な研究を刺激してきた一方で，その数学的定式化には課題が残る．

26) 位相的量子場の理論（Topological Quantum Field Theory）：1980 年代にウィッテンによって導入された．ある超対称的場の理論から構成され，この理論における相関関数は様々な位相不変量を表す．

など）なのではないかと JQ は考えている．つまり，理論物理学者による「定理」は数学者にとっては「予想」であり，それを数学的に証明するのが数学者であるという構図は，前者が「理論数学者」であり，後者が「実験数学者」であると解釈できる．

　このような現状と過去の実例を見て，「理論数学」にも大きなメリットがあるはずであると JQ は考える．そのうえで，

　　　数学 =「実験数学」

とほぼなっている現状において，「理論数学」の効用をどのように実現していったらよいのか，その場合の注意点は何か，ということを論じている．例えば，「理論数学」における結論と「実験数学」における結論を，同じように定理とよんでよいのか，問いかけている．また，理論数学の論文から引用する場合にどのように引用するのがよいのかについて論じて，いくつかの具体的な提案をしている．

2.5.3　理論屋と実験屋の分業

　JQ が論じている観点の一つに，理論屋と実験屋の「労働分担」がある．物理の場合，理論物理学者が提案した「定理」を実験物理学者が実証するという流れがあり，一般には，それらは異なる個人やグループが行っている．つまり，分業が成り立っていて，理論物理学者かつ実験物理学者という人物がいない・少ないということだ．

　例えば，ヒッグス粒子 [27] に関する研究で，ヒッグス [28] を含む二人の物理学者が 2013 年にノーベル賞を受賞した．この二人は，ヒッグス粒子の存在を理論的に「予言」（これは，理論物理学者にとっては「定理」に当たる）した理論物理学者である．彼らがノーベル賞を受賞できたのは，ヒッグス粒子の存在を，

---

[27] 我々の宇宙が生まれたばかりの時に起きた大進化（相転移）の直接証拠になるもので，物質に質量を与えた起源とされる．1964 年，ヒッグスとアングレール（François Englert）によりその存在が予言され，2012 年に CERN の実験グループが LHC（加速器）と精細な検出器によって実証した．

[28] Peter Higgs（1929 年–）理論物理学者．1964 年，ゲージ対称性の自発的破れと質量の生成に関する理論であるヒッグス機構を提唱し，ヒッグス粒子の存在を予言した．2013 年にアングレールと共にノーベル賞を受賞．

2012 年に CERN[29] 所属の実験物理学者たちが「確認」（実験物理学者にとっての「定理」になる）したからである．ここには完全な労働分担が成り立っている．

では，数学における「理論数学者」と「実験数学者」（すでに説明したように，後者が普通の意味での数学者のこと）の関係はどうだろう．JQ の指摘は，完全な労働分担が成り立っているわけではなく，現状では，一人の数学者がどちらも兼ねることがあるというものだ．もし労働分担をして，二つのグループに分離しようとしても，数学の場合，うまくいかないだろうと述べている．さらには，「理論数学」というのは，単独では存在しえないものではないか，ともいっている．

2.5.4 定理か，予想か？

（実験）数学が厳密な論理による証明を経た定理だけを積み重ねる学問であり，それが学問の特徴付けだとしたうえで，過去のいくつかの興味深い例外的な事例についても JQ は論じている．

時に起こることだが，厳密な証明をしたはずの定理の証明に，実は欠陥があり，定理はもはや定理とはよべず，「予想」とよぶのがふさわしい場合がある．説明をすると，数学における予想とは，ある理由から正しいと推測される主張のことである．予想は，厳密な証明を経ていないので定理とはよべない．もちろん，後に厳密な証明がつけば定理に変わる．JQ が注目しているのは，何らかの理由で定理から予想へ格下げされた事例である．

定理が予想に「格下げ」になったケースについて，それが「理論数学 VS 実験数学」という構図にマッチするという意味で JQ は注目しているのである．

また，単なる正誤だけでなく，証明の「正しさの度合い」に起因するケースについても JQ は詳細に論じている．どういうことかというと，ある分野において，時代に応じて証明の基準にある程度の「緩さ」が許容されていて，その時点では証明として受け入れられていても，後に，証明に求めるスタンダードが上がり，もはやかつての証明が受け入れられなくなる，という場合があるとい

---

[29] CERN（セルン）．欧州原子核研究機構．スイスのジュネーヴの郊外，フランスとの国境地帯にまたがって位置する素粒子物理学の研究所．ヨーロッパの中心的な研究拠点．

うものだ．これは先ほど述べた，代数幾何におけるかつての「イタリア風」の定理が当てはまる．

　JQ が挙げている実例をいくつか見てみよう．一つは，ポアンカレ予想である．実際，ポアンカレ予想は，はじめは「定理」であった．ポアンカレが発見した「ホモロジー [30)]」の理論は，現在でも多様体のトポロジーを研究するうえで重要な理論・道具である．ポアンカレは，ホモロジーを使えば，3 次元の球面が完全に特徴づけられると考えた．つまり，「球面と同一のホモロジーをもつ 3 次元の閉多様体は球面だけである」というものである．この主張の間違いに，ポアンカレ自身がすぐに気がついたが（反例を発見した），それにめげずに，別の予想を提出した．ホモロジーより精密な道具である「基本群 [31)]」を使えばよいというもので，予想は「基本群が球面と同一の 3 次元閉多様体は球面だけである」と述べることができる．これが，有名なポアンカレ予想である．

　もう一つの事例は，「デーンの補題 [32)]」である．これも 3 次元のトポロジーの主張である．これは，専門外の人に正確に内容を説明するのは難しいが，3 次元の多様体を，あたかも大根を包丁で切るように，すぱっと切ることがいつできるのか，ということに関する話である．20 世紀初頭に数学者デーンが「こういう場合なら切り口が円であるようにすぱっと切れる」という「定理」を証明したが，それに実は欠陥があり，予想に格下げされていた．それをその後，パパキリヤコプロス [33)]と本間龍雄先生が独立に 1957 年に証明して再び定理となった．ただ，その経緯をふまえ，今でもデーンの補題とよばれている．

　3 次元多様体の「幾何化予想」についても JQ は言及している．すでに述べたように，幾何化予想とは 3 次元多様体の分類についてサーストンが提唱した

[30)] 位相空間のトポロジーを表す，ある加法群の列．位相空間の情報を多く含み，計算が容易なホモトピー不変量である．

[31)] 空間の 1 点を基点とするループ（その 1 点を始点かつ終点とする閉道）の集合に積構造を入れた群．ただし，連続変形（ホモトピー）で移り合うループは同じと見なす．

[32)] M を 3 次元多様体，D を 2 次元円板とする．$f:D \to M$ を連続写像とし，D の境界 ∂D の D における正則近傍（$S^1 \times [0,1]$ に同相な 2 次元多様体）N で，$f|_N:N \to M$ は埋め込みであり，$f^{-1}(f(N)) = N$ をみたすものがあるとする．このとき，M 内の 2 次元円板 D_0 で，$\partial D_0 = f(\partial D)$ となるものが存在する．

[33)] Christos Papakyriakopoulos（1914–1976 年）専門は幾何学的トポロジー．デーンの補題，ループ定理，球面定理を証明した業績により，オズワルド・ヴェブレン（Oswald Veblen）幾何学賞の初の受賞者となった．

予想である．予想を提唱するだけでなく，サーストン自身が，いくつかの重要なケースについて，実際にこの予想を部分的に証明している．サーストンが成し遂げたもっとも一般的なケースは，3 次元多様体が「ハーケン[34]」とよばれる性質をみたすケースである．この成果について，サーストンは多くの講演を行い，その記録としてレクチャーノートも残っている．しかし，論文として証明の詳細が発表されているかというと議論の余地がある．ハーケンのケースの完全な証明には，サーストン以外の数人の論文を合わせる必要があると考える人も実際にはいる．

　ところで，その後，2002 年ごろにペレルマンが幾何化予想を証明し，幾何化予想は今では定理である．しかし，これも，ペレルマンが発表した論文は簡潔すぎて，細部を含めて理解できる数学者は直ちにはいなかった．その後，いくつかのグループによる数年にわたる詳細な検証を経て（その成果は，書籍として出版されている），ペレルマンの証明が完成していることが確認され，ペレルマンは 2006 年に，幾何化予想の証明の業績でフィールズ賞を授賞された．

　締めくくりに，当時将来に向けて JQ が提案した，「実験数学」と「理論数学」の関わりについて簡単に述べよう．それによると，「理論数学」における定理は，厳密な証明を経ていないのであるから，数学コミュニティで発表するときは，「定理」とはしないで「予想」とよぶべきである．また，仮に「理論数学者」（例えば，理論物理学者）がそれを「定理」と述べていたとしても，「実験数学者」がそれを引用するときは，「予想」として引用すべきであるなど，ごく常識的なものである．

2.6　ホーガンによる "The death of proof" Scientific American（1993）

　1993 年にサイエンスライター，ホーガンが JQ に刺激を受けて書いた Scientific American の記事 "The death of proof"（文献 [2-3]）について考えてみる．当時の新しい数学のトレンドについて読者に広く知ってもらうために書か

---

[34] Wolfgang Haken（1928 年–）専門は 3 次元多様体．1976 年にアペル（Kenneth Appel）およびコッホ（John Koch）の協力を得て，計算機による計算に基づき四色問題を肯定的に解決したことでも知られる．「ハーケン」は人名でもあり，ハーケン多様体（既約な 3 次元コンパクト多様体が，本質的な曲面を中に含むこと）という概念でもある．

れた記事である．

2.6.1　パラダイムシフト

　ホーガンの記事を一言でいうとつぎのようになる．数学は，精緻な論理の積み重ねからなる証明によって示される事柄を，何千年にもわたって積み重ねてきた——いくつかの「公理」から出発し，論理を積み重ね反駁できない結論に辿り着く——ところが，それが最近大きく変わってきている，という話である．どう変わってきているかというと，科学的事実についてのつぎのような考え方・問いかけに，数学者たちも，晒されているというものだ．その考え方とは，「未来永劫正しいことなどはなく，正しいこととは，それが誤りであるとされ，新しい「真実」に取って代わられるまでの，暫定的なものにすぎない」というものだ．

　ホーガンは，この考え方のよりどころとして，トーマス・クーン[35]流の科学哲学を挙げている．私はこの考えを知らなかったが興味を持ち，トーマス・クーンの哲学について調べてみたが，短い時間では全体像を理解するには至らなかった．しかし，一つのキーワードは，「パラダイム（枠組み）」または「パラダイムシフト」という考え方で，科学における革新的な考え方がどのような過程で受容されていくかを記述している．例としては，天動説から地動説への「コペルニクス的転回」や，量子力学の発見，相対性理論の発見などである．ごく簡単にいえば，何かを契機にしてこれまで正しいと信じられていた枠組みが大きく変わるということである．

2.6.2　フェルマの定理

　この記事が書かれた当時の数学における大きな出来事として，ワイルスによる「フェルマの定理」の証明がある．すでに触れたが，フェルマの定理とは，「n が 3 以上の整数のとき，方程式 $x^n + y^n = z^n$ をみたす自然数の組 (x, y, z) は存在しない」という定理である．n が 2 のときは，方程式は $x^2 + y^2 = z^2$ とな

---

[35] Thomas Kuhn（1922–1996 年）専門は科学史，科学哲学．大学では物理学を専攻し，大学院で科学史・科学哲学研究に転じた．最たる業績として，1962 年に発表された主著『科学革命の構造』が挙げられる．

り，これはピタゴラスの定理に現れる式である．つまり，直角 3 角形の 3 辺の長さを (x, y, z) とすると，この組は方程式をみたしている．ただし，z が斜辺の長さである．整数解として $(3, 4, 5)$ などがある．

すでに触れたように，ホーガンの記事によれば，証明の積み重ねにより定理を見つけていくという，数学の伝統的な研究手法が揺らいでいて，それが数学におけるパラダイムシフトであるという．それを Death of Proof というセンセーショナルな表現でよんでいる．その象徴的な出来事の一つとして，ワイルスによるフェルマの定理の証明が 200 ページにも及び，さらにはその証明を理解している数学者が極めて少数であることを挙げている．

たしかに，200 ページの証明は長いといえる．一般的には，数学の論文の長さは 20–30 ページ程度であるが，50 ページを超える論文もよくあるし，100 ページを超える論文も珍しくはない．また，ごく少数の数学者しか理解できない，というのも高度になれば仕方のない話で，これも，例えば，ガウスの時代から同じではないだろうか．さらにいうと，初めて論文が発表されてから数年すると，理解が進んだり一部について別の証明が発見されたりして，より多くの数学者が全体を理解できるようになることもある．私は専門外なので実態は知らないが，20 年以上経った現在，フェルマの定理の証明を優秀な大学院生なら理解できる，というような状況になっていることも十分ありうるのではないかと思う．

くわえて，ホーガンの記事の中に"ワイルスの証明が受け入れられたのは，主に彼の名声によるものである"（文献 [2-3]）という記述があるが，これは語弊があると感じた．たしかに，有名な予想の解決を主張する論文が発表されたときの数学者の反応は，その論文の著者の力量や知名度に影響されるのは事実である．「XX だから，もしかしたら証明は正しいのかもしれない」ということもあれば，逆に「聞いたこともない名前なので，間違っているのではないか」などという反応はよくある．しかし，ワイルスの証明が最終的に受け入れられたのは名声によるからではない．実際には，数人の専門家からなる検証グループが編成され，その人たちによる検討の結果，正しいことが「認定」され，その「報告」を聞いて数学者のコミュニティーはワイルスの証明を受け入れたのである．

2.6.3　ビデオによる証明？

　この記事で，サーストンのある主張を手がかりにした議論がある．その主張とは，「直観的な理解に働きかけるタイプの証明に比べて，高度に形式的な証明は間違いを含みやすい」というものだ．サーストンがいっていること自体は，私自身，同意できる．数学は論理の積み上げであり，その論理はしばしば抽象化されている．抽象化によって得られた概念と形式的な論理を積み重ねる手法は，数学の強みである．しかし，抽象的な思考は現実から遊離している分，たしかに間違いやすい危険はある．

　しかし，ホーガンはこのサーストンの言葉の引用の直後に，"サーストンは "Not Knot"[36] というビデオを作成したが，それはサーストン自身による幾何化予想の（一部の）画期的な解決を視覚化していて，「ビデオによる証明」であると考えられる"（文献 [2-3]）と続けている．サーストンの作成したビデオが，あたかも数学の定理の証明になっているかのような記述は，読者をミスリードする危険があると感じる．

　ビデオ "Not Knot" は，たしかに，それまで誰も見たことがないような双曲幾何の世界を映像化したのは事実だが，それによって数学の定理が証明されているかといえば，されてはいない．その意味で，このビデオの存在が Death Of Proof の一つの証であると見ることは難しい．つまり，証明は死んでいないし，証明があってこその，ビデオなのである．

2.6.4　その後

　さて，Death Of Proof は当時，どのように受け止められたのだろうか．これを知る一つの手がかりがある．サーストンが亡くなった時，ホーガンは当時を振り返って再び記事を書いているのである．これについては後で述べるとして，いよいよつぎに，サーストン自身の論文を詳しく読み解いてみよう．

2.7　"On proof and progress in mathematics"

　この節では，サーストンの論考 "On proof and progress in mathematics"（文献 [2-6]）を取りあげる．以下，この論文は Proof and Progress と記す．

---

[36] サーストンによる Not Knot：YouTube で視聴可．

2.7.1 サーストンの動機

この論考は，JQ の論考とホーガンの記事に対する回答・反論を一つの動機として書かれたもので，サーストン自身の数学観を表している．JQ の中に，サーストンと幾何化予想についての記述があり，その部分がサーストンとその周辺の人たちから見た現実とは異なっている．また，JQ の数学観が一面に偏っているという指摘も，サーストンはしている．具体的には，「予想（証明されていないこと）VS 定理（証明されたこと）」という，数学の研究についての一元的な見方，についてである．さらには，数学の進展の仕方について，JQ とは異なる考えを表すためにこの文章を書いた，とサーストンはいっている．

そもそも，まず大事なことは，正しく問いを設定することであると彼は指摘していて，各章のタイトルは問いの形になっている．

2.7.2 数学者が目指していることは何か？

「数学者はどのように定理を証明するか？」という問いからサーストンは始めている．まず，この問いにはすでにつぎのような仮定が隠されていると指摘している：数学における証明には決まった一つのやり方があり，また，数学の進歩とは定理を証明することである．

この「仮定」にサーストンは疑いを持ち，つぎのような問いを投げかける．

"数学者はどのように数学を進展させるのか？"（文献 [2-6], Chap.1）

続いて，この質問の真意をより明確にするためには，

"数学者はいかにして（人間による）数学に関する理解を深めるのか？"（Chap.1）

という問いが重要であると指摘する．「人間による」の部分は，「我々の」としても，「数学者の」としてもよい．つまり，数学が単独に存在するというのではなく，理解があっての数学であり，だとしたら誰が理解するのかという視点が欠かせないということである．

その関連で，サーストンはコンピュータを一部に援用した定理の証明につい

て論じる．例えば 1970 年代に完成した「四色問題[37]」の証明にはコンピュータが大規模に使われた．重要な定理の証明に，コンピュータが援用される初めてのケースの一つであり，数学者の間に多くの議論があり，その証明を受け入れることに抵抗感を持つ数学者も多かった．

　この抵抗感の本質をサーストンはつぎのように喝破する：コンピュータを使った証明に対して数学者が持つ抵抗感は，その証明の正しさに疑いを持っているからではなく，「人間による数学の理解」という観点に関わるものである．つまり，証明の中で何が起きているか，何がキーステップであるか，何が重要なアイデアであるかなどを「理解したい」という強い欲求が数学者にはある．だから，いくら証明が正しくても，その欲求がみたされない限り，抵抗感があるのだと指摘する．コンピュータによる論証部分は，ブラックボックスなのである．

　サーストンはつぎのように結論づける．"数学者が達成している・しようとしているのは，人間による数学の理解を深めることである."（Chap.1）

　その関連で，そもそも「数学とは何であるか」に対する答えを，数学者がどう考えているのかを，サーストンは論じ始める．彼自身は，「形式的なパターンについての理論」という表現が，もっともしっくりくるという．

　普通，数学とは，「定義・定理・証明（Definition, Theorem, Proof）」というスタイルをもっている．これを「DTP スタイル」とよぶことにする．一般的に考えられているこの DTP という数学のスタイルと，彼の考える数学は異なるとサーストンはいう．この DTP スタイルに足らない点は，数学における問題・問いがどこから来るか説明できない点であるという．

　この DTP スタイルは，JQ の論考の前提となる考え方である．JQ は，そこから出発して，予想の果たす役割を詳しく論じた．そこで，予想・推測（Speculation）を DTP に加え，「DSTP スタイル」とサーストンは仮によぶことにしている．しかし，それを加えたとしても，つぎのような理由で，この捉え方は数学の本質を言い当てていないとサーストンはいう．すでに述べたように，彼が考える数学におけるもっとも重要な点は，人々による理解を深めることであり，数学について，より明晰に効果的に考えられるようになることである．し

---

[37]「平面または球面上のあらゆる地図を塗り分けるのに四色で十分か」という問題．1976 年にハーケン・アペル・コッホが計算機による計算に基づき肯定的に解決した．

かし，DSTP モデルは，結局は，理解という観点に焦点が当たっていないという意味で，彼の考える数学の本質を的確に表現していないとサーストンは指摘する．

2.7.3　どのように人々は数学を理解するのか？

サーストンは，人がどのように数学を理解するのかを説明するために，関数の微分の例を取りあげる．そこで，微分の理解の仕方を多数紹介する．以下その一部を挙げる：

形式的なもの，例えば，x^n の微分が nx^{n-1} であるということ；

論理的なもの，これはいわゆるイプシロン・デルタ論法；

幾何的なもの，つまり関数のグラフの接線の傾き；

関数の時間変化という解釈；

関数を一次関数で近似するという考え，など．

サーストンは，これらが単に，微分の定義のバラエティーであるというより，微分を「どう考えるか」ということの違いであると指摘する．この例が示すように，人間の知性や理解は，コンピュータと違って，一直線または単線的でなく，複線的であると指摘する．"脳内において，その複線的なアプローチが互いに関係しながら理解が形成される"（Chap.2）と述べ，数学の理解には，つぎのような要素があると述べる：

（1）言語的な理解．例えば，高校で習う 2 次方程式の解の公式は，つぎのように読んで記憶されることが多い．エックス　イコール　ニ　エー　分の　マイナス　ビー　プラスマイナス　ルート　ビーの 2 乗　マイナス　ヨン　エー　シー．こう読むとき，たしかに数式という抽象的な記号ではなく，あたかも文章のように感じる．

（2）視覚や空間認識．サーストンによれば，人間は視覚からの情報の取り入れは上手だが，逆に視覚的な情報へのアウトプットは苦手であるという．また，小さいもの（例えば手のひらサイズ）より，大きいもの（人とか部屋とか）についてのほうが，効果的に思考ができるとサーストンはいう．

(3) 因果，矛盾，否定などの論理的な思考．それらは，脳に組み込まれている（つまり，トレーニングだけで身に付けるものではないということ）．しかし，普通に考えられているほど，数学者はロジックを頼りにしていない．

(4) 直観，連想，類似．

(5) 時間経過．サーストンは時間という要素が，論理に大きな影響を与えるという．例えば，3次元の空間に時間軸を足して4次元の空間を考えることは，物理学ではしばしば行われる．数学的に見れば，4次元の空間もn次元の空間も大差ない．しかし，四つ目の軸が時間軸であるというのは，人間の思考に大きな影響を与える．また，二つの写像f, gの合成fgを考えるときも（ここでは，これはfにgを合成することとする），時間は有効である．つまり，あたかも，fを使ってから「その後に」gを使うというように，時間経過を考えると人間にはしっくり理解できる．また，トポロジーにおける「ホモトピー」の概念なども，これは写像の変形を定式化したものだが，やはり，それを（変形のための）時間経過であると考えるのが，人間には自然である．

2.7.4　数学的な理解を，我々はどのように伝え合うのか？

つぎに，このように複雑な数学の理解が，どのように人から人へ伝えられるのかにサーストンは注目する．"それは決してやさしいものではなく，また，自動的に起こることでもない．人々が数学を理解する過程を考えるとき，誰が（who）・何を（what）・いつ（when），という視点が重要だ"（Chap.3）と指摘する．

サーストンは，説明のために数学教室における「コロキウム」という講演スタイルを例にとる．コロキウムとは，数学者や数学を学ぶ学生全般を対象にした講演であり，講演テーマに深く関係する分野の専門家でなくても，最新の数学の研究成果について，誰もが理解できるように配慮して講演がなされることが望ましい．その点で，専門家向けの，研究セミナーとよばれる講演とは異なる．

にもかかわらず，"コロキウムでも，60分の講演のはじめの5分で，多くの聴衆は話から落ちこぼれてしまう"（Chap.3）とサーストンは指摘する．さらに，このようなパターンは，数学の授業でもしばしば起こるという：授業で学生は数学の内容を理解することはできず，結局，授業内容の一面を取りあげた

だけにすぎない演習問題を，どのように解くかというようなことに執心することになる．さらに，そのようなことが起きるのは，学生側の問題であると考えがちだが，実はコミュニケーションの問題であることに気がつかない．

一方で，"それぞれの専門分野内におけるコミュニケーションについては，うまく行きがちである"（Chap.3）ことをサーストンは指摘する．例えば，新しい定理が証明されると，瞬く間に専門家の間に伝わる．それらは，

> "（一対一のコミュニケーションによることが多い．）一対一のコミュニケーションが効率的であるのは，単に話すだけでなく，図を描いたり，ボディーランゲージを使ったり，いろいろな手法がミックスされることが理由だ."（Chap.3）

と考察する．さらに，そのようなときコミュニケーションは双方向的であることが理解を促進している．それに反して，論文を読む行為は，より形式的であり，数学のアイデアは図などでなく文字などで表されている．

論文を読む行為が，一対一のコミュニケーションに比べてうまく行かないことや，小さい専門家コミュニティー内で，数学についてのコミュニケーションが効率的に行われることの説明としてサーストンは，トースターの使用説明書を例に挙げる．

> "それらは通常，10 ページを超えるような分量の内容が，こまかく形式的に書かれている．しかし，トースターが何であるかわかっていれば，それをいちいち読まなくても，少し使ってみればたちどころに新しいトースターの使い方がわかる."（Chap.3）

数学者間のコミュニケーションの難しさについてサーストンは，さらにコメントをする．専門領域が少しでも違うと，コミュニケーションが一般的には難しいことを述べたが，一方，数学者の中には，異なる専門領域にまたがるコミュニケーションに長けた人もいる．このような人たちは当然，研究者コミュニティーにとって有益であるが，一方，サーストンは負の側面も指摘する：一つは，このような人たちを見ると，他の人は自信をなくしてしまうことがある．また，そのような特別なコミュニケーション能力を持った人に頼りがちで，より多くの

人にとって理解が容易な形で表現することを試みる動機が削がれてしまうことも起きる．

数学についてのコミュニケーションの特徴として，数学者が実際に頭の中で考えていることと，それを論文で表現するときの内容や形式が大きく異なることがあり，それに，サーストンが重大な関心を持っていることは，2.4 節でも述べた．このギャップが存在したままでも，研究者間の交流が盛んである限り，「実際に考えていること」を共有することは可能である．もちろん，これは健全な状態とはいえないし，知識の継続・伝承という意味では，危険な状態である．しかし，サーストンは，この状態が打開される契機がいくつかあるという：一つは，新しいジェネレーションがやってきて，それまでの（論文には書かれていない）共通理解を，新たに自分たちのものとすることである．もう一つは，その（もやもやとした）共通理解を，簡潔に表現する方法が発見されることだと指摘する．例えば，「多様体」の定義は簡潔であるが，そこに至るまでは，わかりにくい表現がされていたのではないかとサーストンはいう．

数学的な理解を効率的に，安定的に行うためのコミュニケーションのあり方について，結論として，"数学的なアイデアについてのコミュニケーションに，より多くの努力がなされるべきだ"（Chap.3）とサーストンはいう．"定義・定理・証明よりも，どのように考えるかに，より重点が置かれるべきだ"（Chap.3）と．また，"最新の研究成果を追いかけるだけでなく，より基本的な数学の内容に関する基盤的な考え方についての理解や説明を，心がけるべきだ"（Chap.3）とサーストンは主張する．

数学的な内容・アイデアの効率的な表現と伝達には，それにふさわしい「言語」が必要である．そして，数学（論文や書籍）の核心は証明であるから，サーストンは証明について詳細な検討を加えている．それをつぎに見てみよう．

2.7.5 数学における証明の信頼性

サーストンによれば，自身が UC バークレーの大学院生になったころ，数学における証明がどういうものであるか，明確に理解できていなかったという．数学の各分野において，既知の結果，つまり議論の前提としてよい知識がある．研究をするうえで，それらの事項については自分自身で改めて証明をする必要

はない．ところがそれらのすべてが，引用できる文献として確立しているとも限らない．サーストンは当初，このような状況に疑問を感じたという．

　しかし，徐々に，数学の知識は文献の中だけに存在するわけでなく，数学者間に，または数学者のコミュニティーの中に存在することに，サーストンは気がつく．そのうえで，そのように存在する知識の信頼性は，文献の中に存在する知識に比べて劣るものではなく，十分に頼りになるものである，とサーストンは指摘する．

　一見すると，論文や書籍に書き記された知識は信頼性が高く，それに比べて，専門家の間で語られたり共有されたりしている知識は，信頼性が落ちるように感じるかもしれない．しかし，実はそうでもない理由を，サーストンはつぎのように説明する．"人間の能力は，証明における形式的な厳密さのチェックについてはそれほど強くなく，一方，証明における潜在的な危うさや間違いには，非常に敏感である．"（Chap.4）つまり，誤りを含む知識を，気がつかないまま数学者が共有し続ける可能性は，低いといえる．

　注意してほしいことは，サーストンが「厳密な証明を重んじる数学者の伝統的な姿勢を，決して，軽視することを推奨しているわけではない」ということである．また，形式的な証明を完成させようとする努力を批判しているわけでもない．

　関連してここで，JQ にも言及している．「数学の進歩はゆっくりであり，それが証明の厳密性を重んじすぎているからだ」と JQ は主張するが，サーストンはそれに同意しない．例えば，厳密性については，少しのバグも許さないようなコンピュータプログラムの厳密性の方が，数学の厳密性よりはるかに高い精度を要求していると指摘する．それどころか，数学の進展速度は極めて速いとサーストンは指摘する．我々の知性は，例えば，同じような議論の繰り返しは省略して（かつ誤りなく）進めることができるし，かといって明晰性を犠牲にすることもない．一人の数学者のキャリアの長さの中で，数学の知識は驚くほど進展する．

　一般に，数学の証明における形式的厳密さは数学の信頼性を高めているし，実際，数学者は証明を細部にわたって完成させることに大変な努力を払う．しかしサーストンは，

　　"数学の信頼性（例えば証明済みの定理について，後で誤りが発見されることが少ないことなど）は，証明において議論を形式的に厳密にチェックすることだけに理由があるわけではなく，実は数学者が注意深くかつ批判的に数学の議論を考え抜くことによる"（Chap.4）

と指摘する．

　　"形式的に議論をチェックすることについて，コンピュータが人間に代わって行うことは，そう遠くない未来に実現するかもしれない．（中略）しかし，人間にとって理解可能でチェックできる証明が，我々にとってはもっとも重要であるし，数学者が現在行っているような証明のチェックの仕方は，数学の健全性に有効に機能している"（Chap.4）

とサーストンは指摘する．要するに，数学の議論において，形式的な厳密さは当然であり，また形式的な正しさだけならコンピュータでチェックすることも可能であるが，それが数学の信頼性の唯一の理由ではない，という重要な指摘をサーストンはしている．

2.7.6　数学をする動機

　つぎにサーストンは数学をする動機について考察している．もちろん，まず第一に，新しい定理を発見すること自体に大きな喜びがある．しかし，例えば，定理を証明するというような「数学そのもの」が，数学をする動機のすべてであるという意見に，サーストンは否定的である．サーストンは，社会的な理由，例えば，数学者仲間での数学をめぐるやりとりも重要であるという．それらに加えて，ステイタスだったり賞だったりも，他の学問分野と同じように，数学をする動機になっていると指摘する．

　JQ はその論考で，定理を証明することによるクレジットを，数学者がどう考えているかを分析している．それを簡単に要約しよう．

　JQ の提案する「理論数学 VS 実験数学」の枠組みで，定理（数学における最終結果）を検証（つまり，証明）するのは，実験数学者（つまり，通常の数学者）である．したがって，通常，定理の最終証明者であるという業績のクレジッ

トは，100%実験数学者が得ることになる．しかし，時に困ったことも起こる．それは，定理の内容だけを（証明なしに）主張した「理論数学者」が，定理のクレジットの一部・全部を主張したりする場合だ．同じようなことは，ある定理が100%証明されているのか，されていないのか，判然としない場合も起こることがあり（例えば，与えられた証明に瑕疵が見つかるなど），その場合にもクレジットの行方は混沌とする．

それに対してサーストンは，そもそも，定理のクレジットばかりにこだわるのには弊害があると考える．その説明のためにサーストンはサッカーを例に挙げる：最終的にゴールポストに球を入れる人は，一試合に一人か二人だとしても，他のプレーヤーが無駄だったわけではなく，チームの存在は重要である．数学においてもそうであるという．その例としてサーストンは，時には，ある時点にある分野で，こんな感じの定理が近い時期に証明されるだろうと予測できることがあることを指摘する．つまり，最終的にそれを証明した人の能力より，ある時期にある場所にいたということが，その定理が証明されることの重要なファクターである場合もあることを，この現象は示している．

さらにサーストンは，よい定理を証明した人に，その後起こる連鎖反応についても分析する：そのような人は自信が増すし，ステイタスも増し，いろいろな人と話す機会が増える．その環境の中で，自分の知っている数学的な考え方やテクニックを，数学の別の分野に応用することで新たな成果をつぎつぎにあげることができる．

このような考察を踏まえて，「誰が定理を証明したかに固執しないで数学の理解により注視したほうが，全体としては，数学の進展に貢献するような多くの成果をあげることができる」とサーストンはいう．また，JQ が提唱するような，予想と証明の二つに役割を分断するような単純な図式には，懐疑的である．

2.7.7　サーストン自身の思い出

サーストンはいくつかの個人的な思い出も語っている．彼は，大学院生時代にフォリエーション（葉層）[38]とよばれる幾何・トポロジーの分野で研究を始

[38) 多様体を，葉とよばれる弧状連結な部分集合の和に分解することによって得られる模様で，葉（複数）が局所的にはユークリッド空間を幾重にも層をなして積み重ねた形になっているもの．

めた．フォリエーションは当時，注目される分野で，それを研究対象とする研究者も多かったが，サーストンは，そこでいくつもの傑出した定理を証明した．ところが，数年してつぎのような現象が起こった．その分野から研究者が減り始めて，「サーストンが分野を殺してしまっている」とまで言われるようになった（これは賛辞としてである）．

サーストンは，分野から人が消えてしまった理由は，分野が枯渇したからではなく，つぎのようなことが起こったからだと考えている．サーストンは，通常の数学者がするように，自分が証明した定理を論文に書いて発表した．つまり，研究成果をきちんと公開していたのである．しかし，それらの論文は，専門家の間でのみ共有される知識に強く依っていた．その結果として，新しい研究者，例えば大学院生にとっては，分野に参入することのハードルが高くなってしまったとサーストンは考えている．

分野から研究者が消えたもう一つの理由として，つぎのような指摘もする．サーストンは当時，他の数学者が知りたいと思っているのは，答えであり，定理であると考えていた．しかし，後に気がついたが，実は人々が望んでいたことは，自分なりに理解できるということだった．もちろん，それに加えて，自分でも何かを証明してクレジットを得ることも，研究者は目指している．つまり，素晴らしい定理を証明して，その証明を論文として正確に書き表しただけでは，必ずしも研究分野の活性化につながらないということである．

その後，サーストンは，3次元多様体と双曲幾何の関係について研究を始める．このあたりの出来事は，JQ も言及している．サーストンは，この分野で真に画期的な仕事をした．主要な業績は，3次元多様体が「ハーケン」という性質をみたすとき，それが双曲多様体であることを証明したことである．当時，3次元多様体と双曲幾何を関連づけて考える研究者はいなかった．3次元多様体論は活発に研究される分野ではあったが，サーストンの視点はそれまでの30年のトレンドとは一切関係ない，独創的なものだった．

彼は，この仕事について大学院で講義を始め，その講義録は世界中の人から要望され，そのメーリングリストは1200名を超えた．同時に，3次元多様体と

例えば，(x, y)–平面と平行な平面全体は，$\mathbb{R}^3$ の葉層構造を定める．葉層構造の理論は，微分方程式やベクトル場の軌道の研究を起源としている．

双曲幾何学との関係についての講演をたびたび行った．しかし，サーストンが考えていることを数学者に伝えるのは容易でなかった．理由は，必要とされる幾何学についての基本的な事柄が，当時の数学者たち（3 次元多様体の専門家）にとっては，聞き慣れないものであったからだ．

　サーストンは，フォリエーションのときの経験から，3 次元多様体の研究について数学者に話すときには，基礎的なアイデアに重点を置いて説明するように心がけた．そのうえで，理解してくれそうな数人に，細かい点について詳しく説明した．なかなか理解してもらえなかったが，幾人かは，徐々に細部を理解するようになってきた．サーストン自身はすでに証明を知っていることでも，それを論文にはしないで，他の人に仕事ができる余地を残すことさえした．他の数学者がサーストンからもっとも欲していることは，3 次元多様体を研究するうえでの新しい考え方であると，彼は自覚していた．ハーケン多様体で成功した彼のテクニックが，そのまま一般的な場合にも通用するとは，サーストン自身も思っていなかった．

　ところで，サーストンが Proof and Progress を書いた時点では，幾何化予想はまだ解決していない．しかし，予想の完全な解決を待たずに部分的な結果を発表し，考え方を多くの人とシェアしたことを，サーストンは後悔していない．これについて補足すると，数学者が未解決の大きな難問に取り組むとき，途中経過の結果を論文などで公表することを控える傾向がある．というのは，途中経過を発表すると，それをもとに別の研究者が研究を始め，その人が最終結果を証明したときに，自分自身はクレジットを失うことになるからだ（すでに述べたように，数学では，最終的な結果を得た人「だけ」がクレジットを手にする）．実際，例えば，フェルマの定理やポアンカレ予想を解決した数学者は，その前の数年間，「沈黙」して何も論文を発表していない．

　サーストンの意見に戻ると，彼は，分野が活気づき，成長するような発表の仕方（つまり，途中経過ともいえる定理を発表したこと）を選んだことがよかったと考えている．さらには，将来，本人も含めて，誰かによるポアンカレ予想の解決にもつながる可能性があると考えていた [39]．

---

39) 今では解決している．

一方，いくつか犠牲になったものもあったとサーストンはいう：例えば，もっとたくさんの論文を執筆して出版すればよかったと思っている．自分が発見し発展させた手法の考え方を広めることに重点を置き，時間を使ったことで，新しい定理をつぎつぎに証明することが犠牲になった可能性がある．また，自分自身の研究に専念するだけでなく，多くの大学院生を指導することで，本人の論文数は減った可能性はある．

とはいえ，ずっと忙しくして生産的であったことは間違いない．MSRI の所長を務めたり，Geometry Center [40] を設立したり，また，"Not Knot" というビデオを作ったりした．それらを通して，数学と数学者を刺激し続けることでは大きな足跡を残したとサーストンは考えている．

数学の博士論文の指導教員が誰であるかを記録した "The Mathematics Genealogy Project" [41] というデータベースを提供するウェブサイトがある．そこで調べると，現時点で，サーストンの指導のもと博士号を取得した人は 36 人，さらにその孫弟子まで含めると 267 人であり，これは多数である．

2.8　楕円を例に考える

JQ や Proof and Progress でいわれていることは，数学者にとってもすぐに理解するのは容易ではない．読者の理解の一助になればと思い，楕円の話を例にして，数学における見方や理解の多様性を例示したいと思う．

2.8.1　楕円の方程式

楕円とは円をつぶしたような図形である．「楕」という漢字は小判型を表すそうで，楕円はまさにそんな形である．楕円は高校の数学で習うし，大学入試でもよく出題される．定義は普通，a と b を正の数として，つぎのような方程式で与えられる．

$$ax^2 + by^2 = 1 \tag{2.1}$$

---

[40] ミネソタ大学に当時設置されていた数学研究および教育センター．幾何学の研究や教育のためのコンピュータグラフィックスの使用と可視化を目的に 1980 年代後半に国立科学財団により設立されたが，現在は閉鎖されている．

[41] "The Mathematics Genealogy Project" の URL：https://www.genealogy.math.ndsu.nodak.edu/

この方程式が，(x, y)–平面上に定める図形が楕円である．

　もし $a = b$ が成り立っているなら，方程式は $ax^2 + ay^2 = 1$ となり，これは原点を中心とする，半径が $\frac{1}{\sqrt{a}}$ の円を表している．

2.8.2　幾何学的な定義

　誰でも知っているように，円という図形はコンパスを使って描くことができる．身近な道具を使って描くには，板の上にクギを打ち，そこにヒモを結んで，ヒモの端をぐるっと回せば円になる．

　つぎのような実験をしてみる．台の上にクギを 2 本打ち，ヒモの両端を 2 本のクギに結んでみる．ピンと張られたヒモは動かしようがないので，少し長さに余裕をもたせたヒモを 2 本のクギに結ぶ．そこに 1 本の棒をひっかけて，ヒモをピンと張った状態のまま棒を動かし，棒が描く図形を考えてみる（図 2.4）．ヒモの長さをいろいろ変えて，同じように図形を描いてみると，どれも楕円に見える．

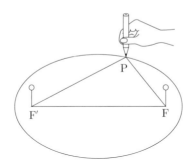

図 2.4　楕円の描き方

　この実験結果を，つぎのような命題（検証すべき主張）として書き表してみよう．ヒモの長さを L とする．

命題 1　平面上の 2 点からの距離の和が一定の値 L の点がつくる図形は楕円である．ただし，L は 2 点間の距離より大きいとする．

　JQ 流にいえば，この命題は，「理論数学者」にとってはすでに「定理」とい

うことになる．つまり，いろいろな長さのヒモによる実験を経て導き出した結論であるからである．一方，「実験数学者」の立場で見れば，論証による証明を完成するまでは，定理とはよべない．

　例えばつぎのような方針で証明を試みる．まず，(x, y)–平面に 2 点 F(a, b)，F$'(c, d)$ を固定する．そこから点 P(x, y) までの距離の和が L に等しいのだから，距離の公式を使って P(x, y) の座標 (x, y) がみたす方程式を書き下せば ... などと計算していけば，楕円の方程式 (2.1) を導くことができる．これは，高校数学で習う軌跡の考え方である．

　一方，この一連の論証過程を見て議論を逆に辿れば，「2 点からの距離の和が一定」という性質を，楕円の定義としてもよいことに気がつく．つまり，この二つの楕円の定義（つまり，方程式 (2.1) と命題 1）は「同値」ということである．ところで，この 2 点は楕円の焦点とよばれる．

2.8.3 円柱の切断

　別の視点で考えてみよう．誰かがつぎのようなことに気がついたとする．「大根を包丁で斜めにすぱっと切ると切り口が楕円に見える．」これを数学的にいうとつぎの命題になる．

命題 2　円柱を平面で切ってできる切り口の図形は楕円である．

これも，「理論数学者」にとっては定理とよんでいいのかもしれないが，「実験数学者」は証明を試みることになる．

　一つの方法として，(x, y, z)–空間を考えて，そこで円柱と平面の方程式を書き下し，その二つの方程式を連立させて解けば，切り口のみたす方程式が得られる．面倒な計算をいとわなければ，楕円の方程式 (2.1) を導くことができ，それで証明は完成する．

　ここで，楕円のもう一つの同値な定義，つまり命題 1，「楕円とはある 2 点からの距離の和が一定の点の集合である」を思い出してみよう．円柱の切り口が楕円であることを証明するには，この幾何学的な性質が成り立つことを計算で論証してもよい．しかし，これを計算で証明するのは骨が折れそうである．というのは，焦点である 2 点をあらかじめ見つけることなしには，計算の手がか

りが見つけにくい.

　しかし，古代ギリシャの数学者アポロニウス [42] は，計算によらない証明を発見している.　そもそも，座標を使う数学は，ずっと後の時代の産物である.　アポロニウスの論証はこうである.

　「円柱と平面の両方に内接する球が平面の上と下に一つずつとれるが，その球と平面の接点である 2 点をとる.　その 2 点からの距離の和は，円柱と平面の切り口の曲線上で一定になっている（図 2.5）.　したがって，楕円である.」

　実際，これを証明してみよう.　焦点がすでに特定されているのも，大きな手掛かりである.

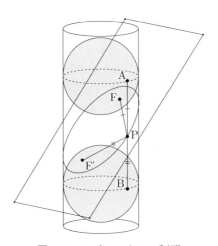

図 2.5　アポロニウスの証明

証明　平面と円柱に接する球を，平面の上下に二つとる.　これを上球と下球とよぶことにする.　円柱は鉛直と考えよう.　それぞれの球と平面の接点を F と F′ とする.　切り口の曲線上の任意の点 P をとる.　P を通る円柱上の直線（鉛直な線になる）をとり，それと球の交わりをそれぞれ A, B とする.　このとき，PA ＝ PF である.　なぜなら，この 2 直線は P から上球に引いた接線であるの

---

[42] Apollonius（BC262 年ごろ–BC190 年ごろ）著書『円錐曲線論』（Conics）において，頂点を通らない平面で円錐を切断した断面の図形として現れる楕円・放物線・双曲線について詳細な研究をした.　2 定点からの距離の比が一定となる点の軌跡として表される「アポロニウスの円」でも知られる.

で，長さが等しい．同じ理由で，下球を考えれば，PB ＝ PF′ である．

　　したがって，PF ＋ PF′ ＝ PA ＋ PB．ところが，PA ＋ PB は P によらず一定である．なぜなら，これは上球の「赤道」（球と円柱が接する円）と下球の「赤道」の間の距離である．以上より，PF ＋ PF′ も P によらず一定である．（証明おわり）

なんと鮮やかな証明だろう！

2.8.4　JQ 流の解釈

　さて，ここまでの話を振り返ってみよう．

(1) 楕円には二つの定義がある．一つは方程式を使った定義で，方程式は (2.1) である．もう一つは，ある 2 点（焦点）からの距離の和が一定の点の集合という定義で，これは命題 1 の内容である．この二つは同値である．つまりどちらを使っても得られる図形は，楕円たちである．

(2) 円柱を平面で切って得られる図形も楕円である．これを証明するには，上で挙げた定義のどちらか一つが成り立つことを示せばよい．計算によって楕円の方程式を導く，二つの内接球を使って図形的に証明する，などいろいろな方法がある．

　さて，そもそも論証なしに，

定理 1　平面上で，ある 2 点からの距離の和が一定な点のなす図形は楕円である．

定理 2　円柱を平面で切った断面は楕円である．

と述べてはいけないのだろうか？　たくさんの実験をして，それらしく見えるなら定理とよんではいけないのか？　定理とよべないなら，何とよべばよいのだろうか，予想とよぶべきなのか．そのような「事実」をどう取り扱うべきか，そのような事実を発見した人をどう評価すべきか．後で厳密な証明を発見した人のクレジットは？　このような視点を論じたのが JQ である．

　さらに定理 2 の二つの証明（計算によるものと幾何的なもの）の違いは何な
のだろうか？　一般に計算による証明は厳密であるが，わかった気がしない場
合がある．一方，アポロニウスによる内接球を使った証明は鮮やかだし，定理
が正しいことを保証するだけでなく，その背後にある仕組みまで説明している
ように見える．

　しかし，どのような証明も「数学的には」同値（または，等価値）のはずで
ある．にもかかわらず，受ける印象や納得感はまったく違う場合がある．この
あたりの違い，「わかった」という感じがするかしないか，というあたりがサー
ストンの論じている点に通じている．

2.9　Death of Proof のその後，ホーガンの 2012 年の記事

　サーストンが亡くなった 2012 年に，ホーガンは Scientific American に再
び記事 "How William Thurston (RIP) helped bring about "The death of
proof""（文献 [2-4]）を書いている．そこで，Death of Proof 後の顛末につい
ても語られているが，その記事におけるホーガン自身の Death of Proof の要
約は以下のとおりである：当時，数学は大きな変革期にあり，「あることが正し
いか（証明されているか）？」ということから，「それは有効に働くか，現実を
忠実に表しているか」ということに重点が移ってきていた．

　その流れの中でサーストンは伝統的な証明ばかりを重視するのではなく，直
観的で，より自由なスタイルの表現手法を推奨していた．さらには，数学の伝
統的なスタイルである公理的な手法に懐疑的である，ともホーガンはいってい
る．これは，トーマス・クーン流のパラダイムシフトの考え方が数学にも当て
はまり，「確実なもの」は何一つなく，すべてがつぎの理論に取って代わられる
までの仮の理論にすぎないことを示していると，ホーガンは解釈する．

　パラダイムシフトの考えは，サーストンの主張によく呼応するという．ホー
ガンによれば，その主張とは，「数学の理論は，客観的に正しいから受け入れら
れるのではなく，社会的な理由・背景によって受け入れられる」というものであ
る．つまり，社会的な理由・背景が変われば数学的な真理も変わるということ
になる．また，数学の証明は，ある「社会的」背景の下でのみ成立するという．

　しかし，このホーガンによるサーストンの主張の解釈は，誤解を含んでいる．

ここまで読んだ読者は理解していると思うが，人間的な背景や文脈に著しく依存するとサーストンが主張しているのは，数学（数学的真理や証明，考え方）を伝える手法やその効率性，またそれが伝承されていく様子についてである．数学的真理そのものではない．

　Death of Proof の出版の後，数学者からは大きな批判があったそうだ．なかでも，ホーガンを驚かせたのは，サーストン自身がその一人であり，彼はつぎのように言ったそうである．

　　"（証明は今でも有効であるし，健全な手法である．）Death of Proof という記事のタイトルが示唆するのは，メロドラマであるが，数学ではもっとエキサイティングなドラマがある．数学の証明にとって，今はまさにその黄金期である．"（文献 [2-4]）

　ホーガンの記事（文献 [2-3]）は，出版前にサーストンに目を通してもらっていたそうであるが，出版後にサーストンに電話をすると，"あの記事は私が目指す方向とは違っているし，むしろ害があると出版後に感じて距離を置くことにした"（文献 [2-4]）と言ったそうだ．

　記事の最後で，ホーガンは当時からのことを振り返り，それでもなお，Death of Proof を書いたことを後悔していないし，当時自分が指摘した数学の新しいトレンドは続いていると主張している．

　さらに，サーストンの Proof and Progress にも触れているが，内容についての言及はほとんどなく，ただ，"悪くない内容だが，今でも自分の論考とタイトルのほうがよいと思っている"（文献 [2-4]）と記している．

　私の考えだが，Death of Proof は意義深い記事だとも思う．数学の当時の現状を調べ，それについて興味深い分析を加えている．ただ，そのいくつかの結論，それも重要な部分については，当時の状況に照らして考えても，違和感がある．ビデオによる視覚化と定理の数学的証明の補完関係が，その後増えたとは思えないし，数学者が，証明の健全性に疑いを持ち続けているとも思えない．つまり，サーストンの研究スタイルやその影響を，ホーガンの主張する「数学におけるパラダイムシフト」の裏付けと考えるには無理があると思う．

　繰り返しになるが，Proof and Progress を今回詳細に読んで感じるのは，サー

ストンの主張とホーガンの主張のどちらに賛成できるかということ以前に，ホーガンはサーストンの主張の本質を誤解しているように感じる．一方，サーストン自身は，JQ やホーガンの主張を十分に理解していて，その内容に異議や物足りなさを感じているのがわかる．それゆえに，自身の主張を広く知らせることが必要であり，有益であると感じ，Proof and Progress を公表したのだろう．

2.10　エピローグ

2.10.1　AI と人間

Proof and Progress と MathOverflow での意見を読んで，サーストンが，数学において重要なのは「正しい答えを得ること，それを正しく表現すること」だけでなく，またはそれよりむしろ，「理解すること」や「いかに理解を伝えるか」の重要性を強調し，強い関心を示していることが印象的だった．

最近では，AI という言葉を至るところで聞く．数年前になるが，コンピュータプログラムが，囲碁のトッププレーヤーに勝利したことが話題になった．このニュースをめぐって面白いと感じたコメントを挙げてみる：コンピュータはプロ棋士とはまったく違ったタイプの手を指す；普通に考えたら悪手に見える手を指す；すぐには意図がわからない手があるが，気がついてみると棋士が劣勢になっている，というようなものだ．つまり，AI の指す手の「意味が理解できない」ということである．

もちろん，意味がわからなければ，そこから人間が上達法を学ぶことができないのだから，役に立たないともいえる．しかし，そもそもそれ以前に，人間には「意味を理解したい」という強い欲求があることがわかる．サーストンは，数学についても同じことを指摘していて，さらには，多数の人がより深い理解をするということが，数学の発展にもつながると主張している．

数学は，一見，ロジカルに議論を組み合わせていくことで延々と構成されている学問のように見えるが，サーストンはそれに異を唱える．JQ の論考についても，結局のところ，証明ができているかできていないか，という二元論であるとサーストンは感じたのではないだろうか．

実は数学の営みは，理解することが本質であり，その理解はひどく複雑で複線的，個人的な行為である．その事実を正面から受け止め，理解を深める・伝

え合うことの重要性を，サーストンは指摘している．これは，デジタル化が進む現代とこれからの社会において，我々に重要な示唆を与えていると思う．

2.10.2　数学者の数学観

　サーストンの文章を精読してみて，彼が偉大な数学者であるだけでなく，ユニークな数学観を持っていると改めて感じた．数学者の心理と数学の進展の関わり，数学者コミュニティーがそこでどのような役割を演じているかを，ここまで解析した文章を私は見たことがない．

　数学者は概して謙虚であることが多い．世界的に成功している数学者でも，大言壮語する人はほとんどいない．私が思うに，数学者が謙虚であるのは，数学に対して謙虚である，ということなのではないかと思う．

　どんなに優れた数学者でも，ほとんどの時間は失敗の連続である．素晴らしい定理は，めったに証明できるものではない．また，仮に過去に素晴らしい定理を証明していても，常に新しい成果を目指す数学者は，過去の栄光だけでは心の底からは満足できない．これは，フェルマの定理を証明しても，ポアンカレ予想を解決しても同じなのではないかと想像する．

　数学者の持つそのような謙虚さから，数学者集団がいかに機能して数学を推し進めているか，というようなことを正面切って論じることは，数学者には大それた感じがして躊躇しがちである．それに正面から取り組んだのは，サーストンがフィールズ賞を受賞したような傑出した数学者であるからできた，というわけでなく，サーストンが真にクリエイティブな人であるからこそだと思う．

　もちろん，数学者がある種，哲学的なこと，深遠なことを語ることはある．一部の数学者が好む話題として，「はたして数学がどのくらい普遍的なものであるか」というものがある．例えば，仮に宇宙に別の知的生命体があったとして，その生命体がどのような数学を知っているのか，というような問いである．1, 2, 3 というような数の概念・円・曲面・微積分学・指数関数・正規分布・ガロア理論などの概念を，はたして彼らは知っているのだろうか？　例えば，フィールズ賞を受賞した数学者コンヌ[43]は，生物学者との討論からなる『考える物質』

---

[43] Alain Connes（1947 年–）専門は作用素環論．従来のリーマン幾何学を C*代数的手法により書き換え一般化した，非可換幾何学を構築．フォン・ノイマン環の分類による業績で，1982 年にフィールズ賞受賞．

（文献 [2-1]）という本の中で上記のようなことを論じている．

　また，グロモフ [44] は，人間の知性がどのように数学的概念や理論を構築するかについて，つぎのようなことをいっている．

　　"外界・世界からの電気的刺激に対して脳が反応し，脳の中で対話を繰り返すうちに構造が見出され，それが組織化され言語化されたものが数学になる．"（文献 [2-2]）

グロモフが他でもいっていることであるが，数学の根本概念は対称性であると考えているようだ．

　さらに，面白いことに，数学を伝えることの難しさにも言及している．

　　"それらの構造を伝えるのは難しい．それはあたかも，耳の聞こえない人に音符だけを書いて音楽を伝えるようなものだ．"（文献 [2-2]）

　グロモフとサーストンを比較してみると，数学とは何かという点においては，共通性がある．多くの数学者は，「数学」というものは人間と関係なく「存在」しているものだと考えていると思う．しかし，上の言葉を私なりに読み解くなら，グロモフは違っていて，数学とは，外界からの刺激に対して脳が認識するパターンであるとしている．数学とは何か，についてのこの捉え方は，「形式的なパターンについての理論」と考えるサーストンと共通点があるし，数学が人間と関係なく存在している，という立場ではないように見える．さらに数学を伝えることが難しいという点でも一致している．

　しかし，相違点は，サーストンが，コミュニケーションの難しさを注視し，さらにはそれの克服に本質的な価値を見出している点だ．すでに見たように，サーストンの認識はより踏み込んでいて，数学の理解や知識というのは数学（に関わる人）の中に存在している，という立場である．サーストンが数学と数学の理解を明確に区別していることは，優れた視点であり，他のことを考えるときにもよい手がかりになるだろう．

---

44) Mikhail Gromov（1943 年–）幾何学の巨星．斬新なアイデアと伝統にとらわれない大胆な数学的手法によって，現代幾何学に新しい局面を切り拓いた．等長埋め込みや正則ホモトピー論の研究に始まり，グロモフ-ウィッテン不変量の発見でも知られる．1993 年にウルフ賞，2002年に京都賞受賞．

2.10.3　独創性と必然性？

　私が興味深く感じた点の一つとして，「ある時代に，ある場所にいるという理由・流れで，ある定理が証明できることがある」という指摘だ．つまり，ある定理を証明した A さんがいたとして，たしかに A さんが証明したとしても，実は，同じ時代にその研究分野・研究グループにいた別の誰か，例えば B さんが証明する可能性も大いにあった，ということである．

　一方，あの定理はこの人でなければ無理だった，この人がいなければ，証明が数十年遅れただろう，というケースもある．幾何化予想にまつわるサーストンの仕事や，ペレルマンによるポアンカレ予想の解決は，このタイプだと感じる．

　「この人がいなければ，ありえなかった」というような発展（対して，「その時代・状況にいれば，誰かがやったはず」というようなもの）は，数学以外のいろいろな分野においても，例はたくさんあると思う．コンピュータ，パソコンのこの数十年の発展は目覚ましい．その中で，多くの技術的ブレークスルーがあった．Windows を生み出したビル・ゲイツ，Mac を創ったスティーブ・ジョブズ，さらにスマートフォン，タブレットを生み出したことなどは，真にクリエイティブな偉業という分類になるのだろうか，それとも時代の必然だったのだろうか．また，オンラインショッピングなどはどうなのだろう．技術が成熟して，いつかは誰かが始める事業だったのだろうか．

2.10.4　数学を教える

　サーストンが数学における「理解」の重要性を強調している点は，小中高の数学教育を考えるうえでも示唆的だ．小中高の数学教育は指導要領が規定をしていて，そこには，その時代その時代で生徒たちがどのような数学を学ぶべきかが述べられている．しかし，実態を見るなら，例えば高校の数学教育は，この 30–40 年は大学入試中心になりがちである．つまり，入試問題を解くためのパターン学習である．

　高校の教育現場の先生方の意見を聴くと，生徒の学力がやや低くなってくると，数学そのものを教えるより，問題を解かせることを中心にしない限り，授業が成り立たないという．サーストンも Proof and Progress の中で，大学における数学の授業に言及しているが，授業で教えている数学の内容を学生が理解

できることは少なく，結局は，授業内容の一部，それも簡単なところから演習問題を作って学生が解くだけになるといっている．

　学力の有無にかかわらず，生徒が欲しているのは，問題が解けるようになることではなく，数学の理解，つまりわかるということ，またはその体験ではないだろうか．入試は，避けることのできない現実である．しかし，行き過ぎた反応（例えば，解法のパターン学習）は，生徒の好奇心をつぶし，数学の理解の可能性を，かえって奪っている場合もあるように思う．

2.11　おわりに

　サーストンのエッセイからもわかるように，サーストンは MSRI の所長の仕事に大きな意欲を持っていた．サーストンの MSRI への貢献，さらには，それを通しての数学への貢献は大きかった．これは，そこでポスドクを過ごした私自身の実感でもある．

　そもそもサンフランシスコの近くに位置するバークレーは，アメリカでもっともリベラルな雰囲気の町であり，UC バークレーはその一つの象徴である．サーストンが MSRI の所長であることで，今思えば，MSRI は一層リベラルな雰囲気だったように思う．

　所長・副所長・受付の女性たち・計算機関係のテクニシャン・シニアの研究者・ポスドクなどの研究者というように，研究所は，いろいろな人たちが共存して活動する小さな社会だが，MSRI にはあまりヒエラルキーがなくて，のびのびと活動できる気がした．サーストンは所長であるが，出で立ちはジーンズにシャツ，朝，シャワーを浴びたばかりの濡れた長髪で，研究所の玄関前にとめたカムリから降りてくる．

　そんなサーストンが，ごくまれに，スーツを着てくることがあった．きっと，所長としての仕事，たぶん，資金集めのような仕事があったのではないかと思う．想像するに，そのような仕事はサーストンにとって，得意な仕事でも，やりたい仕事でもなかったのではないだろうか．

　その後，長い月日が経ち，MSRI の雰囲気もずいぶん変わった．数年前に行ってその変化に驚いたが，まず，建物が拡張し，すばらしい講演ホールができた．入口を入ってすぐのロビーには，寄付をした機関や個人を記したプレートが所

狭しと飾ってある．アメリカの現在の経済の好調，といっても，一部の先端産業だと思うが，その羽振りの良さが垣間見られる感じすらする[45]．

　サーストンが所長だったころ，研究所の脇に感じのいいパティオ（中庭）があり，そこに，ある数学的なスカルプチャー（"Eightfold Way" と称したクラインの 4 次曲線）が設置されたことがある（V 部第 9 章参照）．それはサーストンがデザインしたものだが，大理石のような石で，ある対称性の高い曲面を形作ったものであり，ちょっとした除幕式のようなものがあった．記憶がはっきりしないが，たしか，日系企業からの寄付があり，それを記念したものであった．MSRI の様子もずいぶん変わったといったが，先日行った時，そのパティオはなくなっていて，建物の周りを探してみると，目立たない場所にその彫刻が何の説明もなく飾られていた．サーストンの面影を感じたが，同時にしんみりした．

　サーストンが亡くなった後，彼が一時勤務していたコーネル大学で，2014 年に "What's next? The mathematical legacy of Bill Thurston"[46] という研究集会が開催され，錚々たるメンバーによる講演があった．その中で，数学のコミュニケーションをテーマにしたパネルディスカッションがあり，マクマレンやファーブ[47] といった，彼にゆかりのあるパネリストが，サーストンの数学観を含めていろいろ語っている．私は集会には参加できなかったが，その様子が Youtube[48] に収められていて，パネルディスカッションを含め興味深く観た．「サーストン流の数学」はいろいろな形で数学者の中で消化され，息づいているという印象を強く持った．

謝辞　本稿を書くうえで，著者が運営する数学のアウトリーチ活動「ジャーナリスト・イン・レジデンス（JIR）」（https://www.math.kyoto-u.ac.jp/~kfujiwara/jir/jir.html）での経験が役立ちました．その活動を支援してくださった数理科学振興会，倶進会，科学研究費（26560087）に感謝します．

---

[45] この記事は 2019 年末に執筆されました．
[46] What's next の URL：http://pi.math.cornell.edu/m/node/6526
[47] Benson Farb（1967 年–）専門は幾何学的群論・低次元トポロジー．サーストンのもとで博士号を取得．3 次元多様体論・写像類群などの領域において重要な貢献がある．
[48] What's next の講演映像：https://www.cornell.edu/video/playlist/thurston-legacy-conference-2014

参考文献

[2-1] J. -P. Changeux and A. Connes, *Matière à Pensée*, Odile Jacob (1989).
邦訳：浜名優美訳,『考える物質』, 産業図書 (1991).

[2-2] M. Cook, *Mathematicians: An Outer View of the Inner World*, Amer. Math. Soc. (2018). 邦訳：冨永　星訳,『Mathematicians』, 森北出版 (2019).

[2-3] J. Horgan, The death of proof, Scientific American (1993).
URL: https://www.scientificamerican.com/article/the-death-of-proof/

[2-4] J. Horgan, How William Thurston (RIP) helped bring about "The death of proof", Scientific American (2012).
URL: https://blogs.scientificamerican.com/cross-check/how-william-thurston-riphelped-bring-about-the-death-of-proof/

[2-5] A. Jaffe and F. Quinn, "Theoretical mathematics" : Toward a cultural synthesis of mathematics and theoretical physics, Bull. Amer. Math. Soc., **29** (1993), 1–13.
URL: https://arxiv.org/abs/math/9307227

[2-6] W. Thurston, On proof and progress in mathematics, Bull. Amer. Math. Soc., **30** (1994), 161–177.
URL: https://arxiv.org/abs/math/9404236

第 **3** 章

サーストンの柔軟思考

小島 定吉

3.1　サーストン 30 代

　筆者が初めてサーストンの講演を聴いたのは，マンハッタンにあるコロンビ
ア大学に留学していた 1979 年末である．サーストンの下で 1978 年に学位を取
得したカーコフの，ニールセン（Jakob Nielsen）の実現問題を肯定的に解いた
学位論文のアイデアを紹介するものであった．ニールセンの実現問題は，種数
g が 2 以上の閉曲面 Σ_g の写像類群 Mod_g，すなわち Σ_g の自己位相同型写像
のイソトピー類からなる群の有限部分群 F が曲面の有限群作用として実現でき
るかという問題である．

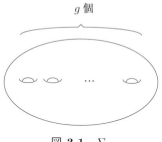

図 **3.1**　Σ_g

　後で少し詳しく解説するが，種数 g が 2 以上のとき，Σ_g 上のマーク付き双曲
構造全体 $\mathcal{T}_g$ は，タイヒミュラー（Oswald Teichmüller）により $6g-6$ 次元の
ユークリッド空間と位相同型であることが示され，タイヒミュラー空間とよば
れている．$\mathcal{T}_g$ には Mod_g が計量を引き戻すことにより自然に作用する．ニー
ルセンの実現問題は Mod_g の有限部分群 F の $\mathcal{T}_g$ への作用が固定点をもつか
どうかに帰着される．カーコフの戦略は，サーストンによる Σ_g の双曲構造の

地震変形を使うことであった．自然界では地震は地中のプレートに沿っての滑りが生む現象だが，現実とは離れ，地震が起きる場所を曲面 Σ_g と想定し，プレートの形状と滑りの程度を表すプレートに横断的な測度の組を，重み付き多重閉曲線およびそのグロモフ・ハウスドルフ極限である測度付きラミネーションとしてモデル化すると，起こりうる地震すべてを連続的に表現できる．サーストンは任意の Σ_g 上の二つの双曲構造が，測度付きラミネーションの射影類を一定にして測度のみを変化させることにより，地震の一径数族で一意的に結べることを示した．すなわち $\mathcal{T}_g$ 上の相関関係は地震で完全に理解可能ということである．この観察を根拠にカーコフはニールセンの実現問題を「測度付きラミネーションにその長さを対応させる関数の，群作用を加味して地震の一径数族上に制限したときの臨界点の存在」に帰着し，制限された関数が凸であることを示して肯定的結論を導いた．サーストンは "Geology is Universal" と黒板に記し，問題解決の核心は自らの主張にありと述べたのが印象的だった．当日は，聴衆の一人であった当時アメリカ数学会会長のベアーズ（Lipman Bers）教授が，サーストンの講演に惜しみない賛辞を贈っていた．

　1980 年の夏に，米国メイン州のバンゴーで 3 次元多様体論の研究者と複素関数論の研究者が一堂に集まるサマースクールがあった．筆者は参加できなかったが，サーストンにとって自らの方向性を考え直す機会になったことをサーストン自身の記事 [3-5] からうかがい知ることができる．数学のような閉じた世界の中ですら言葉のギャップは大きく，研究に対する意識のギャップはさらにかけ離れて大きいということである．このスクールを機会に，サーストンは自らの成果をガンガン自己主張するタイプから，もっと包容力のある話し方をするタイプに変わっていた．

　1984 年の英国のウォーリック大学での春学期は低次元トポロジーフェアで，筆者は広中平祐教授が主宰する数理科学財団から援助を受けて 3 ヶ月滞在した．最初はマーデンおよび時折リバプールから来るスコット（Peter Scott），それにロング（Darren Long）やクーパー（Daryl Cooper）らの若手イギリス人と，後にサーストンに師事するカナリー（Richard Canary）や筆者の数人だけだったが，時が経つにつれて当時サーストンの学生だったホッジソン（Craig Hodgson）やリビン（Igor Rivin）などが加わり，サーストンが来たころから

参加者数はうなぎのぼりに増えていった．

　サーストンはウォーリック到着直後からプロブレムセッションを頻繁に開催し，周りを鼓舞していた．あるとき，種数 3 のハンドル体に 2 ハンドルを一つ付けて得られる測地的境界をもつ双曲多様体の作り方を絵で説明した（図 3.2）．これが魔術のようで，アダムス（Collin Adams）やハス（Joel Hass）と目を見合わせた．少し詳しく解説したい．

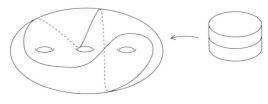

図 **3.2**　ハンドル分解

　4 面体の頂点の近傍を切り落とした接頭 4 面体を考える（図 3.3）．これをトポロジーらしく丸く膨らますと，表面に接頭面に対応する四つの円板と，円板の境界を結ぶ 6 本の線分が描かれた球体ができ上がる．

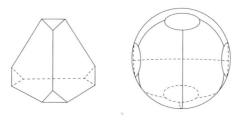

図 **3.3**　接頭 4 面体を膨らます

　このような球体を二つ用意する．一方の球体の四つの円板部分の各々を他方の球体の四つの円板部分のいずれかに貼り合わせれば（図 3.4 参照），種数 3 のハンドル体が得られる．

　貼り合わせ方を例えば図 3.5 のように選べば，12 本の線分の和が 1 本の単純閉曲線になるようにできる．

　つぎにラウンドチーズケーキを用意して，放射状に 12 個のピースに等分する．各ピースの外側の側面を球面上の線分に沿って貼り合わせ，さらに各ピー

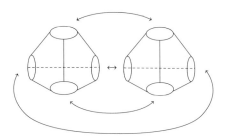

図 **3.4**　球体を貼り合わす

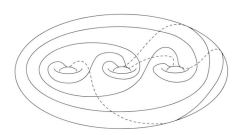

図 **3.5**　うまい貼り合わせ

スの切り口を切ったときを再現するように貼り合わせれば，トポロジカルには
種数 3 のハンドル体にラウンドチーズケーキが表す一つの 2 ハンドルを付けた
境界付き 3 次元多様体が得られる [1].

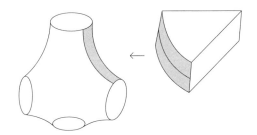

図 **3.6**　チーズケーキの貼り合わせ

　ここからがサーストンの独特な発想である．球面上の接頭面に相当する円板
とケーキの三つのピースの切り口の和がおおむね 6 角形と見なせる．球上の 6

---

[1] チーズケーキの各ピースを図 3.6 のように接頭 4 面体に貼り合わせることを，二つの接頭 4 面
体について交互に 12 回繰り返す．

角形面は三つの線分に相当するところがケーキの各ピースの上下面に延長され
て，おおむね 3 角形と見なせる．だからこの図形はトポロジカルには接頭 4 面
体というわけである．最初の接頭 4 面体のいわば双対の接頭 4 面体が得られる
（図 3.7 参照）．

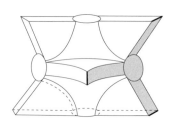 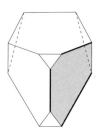

図 **3.7**　接頭 4 面体 + チーズケーキ = 双対接頭 4 面体

接頭 4 面体に貼り合わせに整合する明快な双曲構造を与えるため，3 次元双曲
空間の射影モデル **P** について説明する．4 次元の数ベクトル空間 $\mathbb{R}^4 = \{\boldsymbol{v} = (x, y, z, t) \mid x, y, z, t \in \mathbb{R}\}$ に

$$q(\boldsymbol{v}) = x^2 + y^2 + z^2 - t^2$$

で定義される符号数が $(3, 1)$ のローレンツ形式とよぶ 2 次形式 q を付随させて
ローレンツ空間とよび $\mathbb{R}^{3,1}$ で表す．$q < 0$ となるベクトルは時間ベクトルと
よばれ，その全体は光錐 $\{q = 0\}$ で囲われた開円盤の錐二つからなる（図 3.8
参照）．

ローレンツ形式 q の直交群

$$\mathrm{O}(q) = \{A \in \mathrm{GL}(4, \mathbb{R}) \mid q(\boldsymbol{v}) = q(A\boldsymbol{v})\}$$

は，スケールを除いて $\{q < 0\}$ に推移的に作用し，したがって時間ベクトルの
空間 $\{q < 0\}$ をスケール倍の作用で割れば，$\mathrm{O}(q)$ が推移的に作用する幾何が
得られる．これが 3 次元双曲空間 $\mathbb{H}^3$ の射影モデル **P** である．特に台空間は
自然に射影空間 $\mathbb{RP}^3 = (\mathbb{R}^{3,1} - \{0\})/$定数倍 の $t = 1$ で定義されるアフィン部
分空間の開球体

$$\mathbf{P} = \{(x, y, z) \in \mathbb{R}^3 \mid x^2 + y^2 + z^2 < 1\}$$

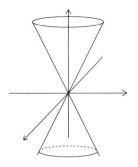

図 **3.8** 光錐が囲む部分

と同一視できる．測地的平面は $\mathbb{R}^{3,1}$ の線形部分空間と $\{q < 0\}$ との共通部分を射影化した平面であり，$\mathbb{RP}^3$ の中ではアフィン平面と **P** との共通部分として表される．したがってこのモデルでは，双曲多面体，すなわち半空間で囲われる図形はユークリッド多面体と **P** との共通部分として表せる．ここでは双曲計量については特に深入りする必要がないので，とりあえず双曲幾何というユークリッド幾何に対比できる幾何学があり，多面体はユークリッド多面体と **P** との共通部分として表せるということだけを記憶しておく（図 3.9）．

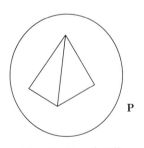

図 **3.9** **P** の多面体

　頂点が $\mathbb{R}^3$ の中で **P** の外側にある超理想 4 面体は，その頂点を極とする極平面，すなわち極から $\partial \mathbf{P}$ への接線の接点の集まりを含む超平面で頂点の近傍を切り落とすことで，接頭面と元々の面が直交する双曲接頭 4 面体に対応させることができる（図 3.10）．
　サーストンは，こうした背景を念頭に，上述のトポロジカルな説明を双曲幾

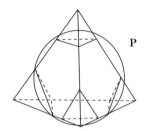

図 3.10　P の接頭 4 面体

何の言葉に置き換えてつぎのように解説をした．綾の面角が 30 度の超理想双
曲正 4 面体からスタートすれば，綾の面角が 30 度の双曲接頭正 4 面体が二つ
でき上がる．この 6 角形面をすべての綾が 1 本の内部の辺になるように貼り合
わせる貼り合わせ方は，一つはすでに図 3.5 に記したが，有限種類ではあるが
容易に見つかる．結果として境界が種数 2 の閉曲面である測地的境界をもつ 3
次元双曲多様体が得られる．したがって，種数 3 のハンドル体に 2 ハンドルを
一つ付けた多様体のいくつかに，測地的境界をもつ双曲構造を与えたことにな
ると主張した．

　サーストンはさらに，この構成は自由度がたいへん大きいことに言及し，任
意の測地的境界をもつ双曲 3 次元多様体は接頭 4 面体による分解をもつか，と
いう問題を提起した．サーストンのプロブレムセッションのやり方は，このよ
うに示唆に富んだ例の説明の後に取り組むべき課題を練られた表現で提起する
ことが多かった．

　この問題は 1990 年に運よく筆者が解決することができた．さらに，サース
トンが説明した多様体は測地的境界をもつコンパクト双曲多様体の中で体積が
最小であることを宮本（Yosuke Miyamoto）と筆者が証明した．サーストンの
言動は直接的および間接的成果を導き，数多くの学術論文として発表されてい
るが，ここで紹介した事例は筆者自身の周りで起きた一例である．

　初めてのイギリスの生活は新鮮で，一度だけクリケットを経験することがで
きた．野球のようなスポーツではあるが，ボールを打つ先が 90 度に開く扇型の
枠内ではなく 360 度まったく自由というのは，筆者には発想の転換が必要で，
当然チームへの貢献も，頭数を埋めるだけであった．図 3.11 は Wikipedia か

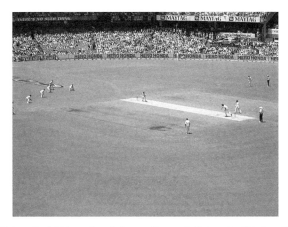

図 3.11　クリケット（Wikipedia より：シドニークリケットグラウンドでのクリケットの試合，オーストラリア対インド．Copyright David Morgan-Mar.）

らの引用だが，打者の後ろに相手チームの野手が守っているのがわかる．

　当時サーストンには一人目の夫人であるレイチェルとの間に三人の子供がいて，上からナサニエル（Nathaniel），ディラン（Dylan），エミリー（Emily）である．ウォーリック大学から場所をダーラム大学に移し，1 週間くらいの集中的研究集会が開催された．サーストンはダーラムには娘のエミリーとそのベビーシッターで来ていた．ベビーシッターは足が速く，サッカーの達人だった．彼女と共にゴードン（Cameron Gordon）やハス，ルーバーマン（Daniel Ruberman）とサッカーを興じたが，筆者はとても敵わなかった．J リーグができる前で，日本はまだサッカー後進国だった．一方，当時 5 歳くらいのエミリーのワンパクぶりはなかなかで，サーストンの講演中に飛び込み黒板にスプレーをかけ，サーストンはただただニヤニヤしているだけだったのを思い出す．

　もう一つ忘れられない思い出がある．イギリスの大学はハリーポッターが通うホグワーツ魔法魔術学校のように寮制度があり，学生はダイニングルームで一同が集まって食事をする．集会の参加者は夏休みの時期に学生寮を借りて，講義を講演に変えて学生と同じような生活をする．ダーラム大学のその時のダイニングルームは 8 人がテーブルを囲むレイアウトだった．筆者はたまたまサーストンとエミリーと同席する機会があった．食事の最後はスイーツが出るのだ

が，ラウンドケーキで席数に応じて 8 等分されている．これにエミリーが異を唱え二つ欲しいと主張した．サーストンはすかさず「OK, you have two pieces」と言って 8 分の 1 のピースを二つに分けてエミリーに渡した．サーストンのウィットに同席者はいたく納得し，膨れっ面のエミリーをなぐさめる者は誰もいなかった．

　ダーラムの集会を終えてもう一度ウォーリックに戻り，ダーラム以前と同じ日常が続いた．サーストンは運動神経は鈍くはないが自慢できるほどではないようで，ウォーリックではただ一つバレーボールに積極的に参加した．バレーボールは欧米ではマイナーな競技で，競技のルールを知っている参加者はほとんどおらず，サーストンはバレーボールでは大きな顔をしていた．筆者は日本人なのである程度は心得があり，ゲーム中はサーストンから敵対視されていたような気がする．それでも数学者同士のにわかゲームなので，アタックやフェイントやクイックなどはありえず，ボールを両サイドに行き来させることだけが主要な課題だった．何しろボールが思った方向に返せないのだから．

　そんな日々の中で，ミシガン大学のレイモンド（Frank Raymond）が夕食に誘ってくれた．レイモンドはイタリア系アメリカ人だが，夫人が韓国人で，どちらかというと東アジア人びいきである．筆者が招かれたのも，おそらくそれが理由であろう．そこにはカーコフ夫妻も来ていて，いろいろなアメリカの事情を知る機会になった．カーコフは当時在職していたスタンフォードのつぎの職を探しており，ウォーリックに集まった有力な数学者といろいろ可能性を探っていた．結局カーコフはスタンフォードでテニュア [2)] を取っている．

3.2　双曲幾何の剛性

　双曲幾何についてもう少し解説を加えておきたい．リーマン幾何には断面曲率という概念がある．これは曲面のガウス曲率の一般化で，2 次元以上で定義され，高次元の場合は，リーマン曲率テンソルを各点の接空間の 2 次元部分空間に制限することにより定まる実数であり，したがって接空間の 2 次元部分空間からなるグラスマン束上の実数値関数である．次元が 2 の曲面の場合は接空間が 2 次元なので，多様体自身からの関数でガウス曲率そのものになる．一般

[2)] 大学等の高等教育における教職員の終身雇用資格．

の次元では断面曲率はたいへん複雑な様相をなし制御は難しいが，断面曲率に
強い条件を課した空間系に関しては多くの研究があり，もっとも強い条件とし
て断面曲率が一定のときの状況は，かなり明らかになっている．例えば n 次元
ユークリッド空間 $\mathbb{E}^n$ はあらゆる断面曲率が 0 のリーマン多様体であり，逆
に単連結な断面曲率が 0 で一定の空間はユークリッド空間である．$n+1$ 次元
ユークリッド空間内の n 次元単位球面 $\mathbb{S}^n$ は，あらゆる断面曲率が 1 のリーマ
ン多様体であり，逆に単連結な断面曲率が 1 で一定の空間は単位球面に等長的
である（図 3.12）．

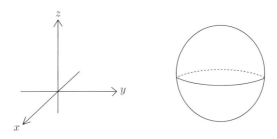

図 **3.12**　ユークリッド空間 $\mathbb{E}^n$，球面 $\mathbb{S}^n$

　n 次元双曲空間 $\mathbb{H}^n$ は，ユークリッド空間を真ん中に置いて球面幾何の反対側
に位置するあらゆる断面曲率が -1 の単連結リーマン多様体である．このよう
な空間が発見されたのはそれほど昔ではなく，1830 年前後のロバチェフスキー
（Nikolai Lobachevsky）およびボヤイ（János Bolyai）によるユークリッド原論
の平行線の公理が他の公理から独立であることを示した幾何のモデルに端を発
している．今では線形代数学での 2 次形式論やリー群の理論が発展し，遅咲きの
双曲幾何も自然に幾何学の体系に組み込まれている．今日的に表現すると，一つ
はすでに 3 次元の場合に説明した射影モデル **P** である．ローレンツ形式 q を不
変にする群の作用を変換群とするクライン（Felix Klein）流の幾何学という見方
である．双曲幾何学はいくつもの別の顔がある．リーマン幾何的な表現でもっ
とも単純なのは，おそらく上半空間モデル $\mathbf{H} = \{(x_1,\ldots,x_n) \in \mathbb{R}^n \mid x_n > 0\}$
で（図 3.13），ここに

$$g = \frac{1}{x_n^2}(dx_1^2 + dx_2^2 + \cdots + dx_n^2)$$

で定義されるリーマン計量が与えられているとして定義される．上半空間モデル $\mathbf{H}$ は射影モデル $\mathbf{P}$ と異なり，角度がユークリッド空間で測る角度と一致しており，いくつかある等角モデルの一つである．また $\mathbf{H}$ において余次元 1 の測地的部分空間は，理想境界 $\{x_n = 0\}$ に直交する半球，あるいはその一部である．

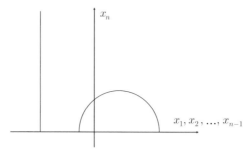

図 3.13　上半空間モデル $\mathbf{H}$

双曲多様体とは，局所的に双曲幾何をモデルとする幾何構造を許容するリーマン多様体である．すなわち多様体の各点の近傍 U から双曲空間への座標近傍写像 $\varphi : U \to \mathbb{H}^n$ があり，二つの座標近傍写像 $\varphi : U \to \mathbb{H}^n$ および $\psi : V \to \mathbb{H}^n$ が定義する推移写像 $\psi \circ \varphi^{-1} : \varphi(U \cap V) \to \mathbb{H}^n$ が双曲空間の等長写像の制限になっていることが求められる（図 3.14）．

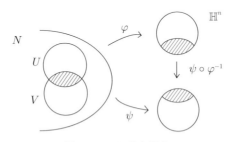

図 3.14　双曲多様体

境界のない n 次元コンパクト双曲多様体 N があると，起点とする座標近傍を一つ選び，そこから解析接続することにより N の普遍被覆から双曲空間へ

の展開写像

$$D : \tilde{N} \to \mathbb{H}^n$$

が定義される．構造が完備であれば，展開写像 D は等長写像で，$\tilde{N}$ への基本群 $\pi_1(N)$ の作用が $\mathrm{Isom}\,\mathbb{H}^n$ へのホロノミー表現とよぶ準同型

$$\rho : \pi_1(N) \to \mathrm{Isom}\,\mathbb{H}^n$$

を誘導し，その像を Γ とすると，$\pi_1(N)$ の $\tilde{N}$ に対する作用と Γ の $\mathbb{H}^n$ に対する作用は同変になる．したがってコンパクト双曲多様体の大域的研究は $\mathrm{Isom}\,\mathbb{H}^n$ の離散部分群の研究と等価である．

　$n = 2$ のときは，ガウス・ボンネの定理により双曲構造を許容するためには N の種数 g が 2 以上という条件が必要十分である．一つ双曲構造を指定してそのホロノミー表現を ρ とする．表現の共役類をとる商空間の中で $[\rho]$ の近傍は $6g - 6$ 次元のユークリッド空間と位相同型である．さらに近傍を小さくとれば，表現は依然として離散忠実的で，対応する曲面上の双曲構造は恒等写像にホモトピックな写像では互いに写り合わないことが知られている．

　この事情をトポロジーの観点からわかりやすく解釈するのが，本章冒頭で言及したタイヒミュラーの理論である．タイヒミュラーは種数 g の双曲曲面 N と，種数 g の曲面を一つ指定して Σ_g で表し，マークとよぶ Σ_g からのホモトピー同値写像

$$h : \Sigma_g \to N$$

を組として，二つのマーク付き双曲曲面 (N, h) と (N', h') が同値であることを，等長写像 $f : N \to N'$ で $f \circ h$ が h' にホモトピックであるものが存在するときと定義した．すなわち，つぎの図式がホモトピーを除いて可換であるような f が存在するときと定義する．

　マーク付き双曲曲面の同値類集合であるタイヒミュラー空間 $\mathcal{T}_g$ は，大域的

に $6g-6$ 次元のユークリッド空間に位相同型であることが，例えばフェンシェル・ニールセン座標など具体的な大域座標を与えることで示される．曲面のモジュライ空間 $\mathcal{M}_g$ とは，タイヒミュラー空間 $\mathcal{T}_g$ を Σ_g の写像類群 Mod_g で割った商空間

$$\mathcal{M}_g = \mathcal{T}_g/\mathrm{Mod}_g$$

として定義される．Mod_g の $\mathcal{T}_g$ への作用は固有不連続であり，モジュライ空間 $\mathcal{M}_g$ は軌道体としての構造をもつ．曲面のモジュライ空間の様相は今日でも満足できるほどにはわかっておらず，現代数学と現代物理の共通のテーマになっている．

　一方，3 次元以上では様相が著しく異なる．カラビ（Eugenio Calabi）・ヴェイユ（André Weil）による局所剛体性は，コンパクト双曲多様体のホロノミー表現 ρ の表現空間における小さな近傍では，任意の他の表現が ρ と共役であることを主張する．この時点で，2 次元がもつ完備な構造に対する柔軟性はまったくないことが示されている．さらにモストウ（George Mostow）は，表現の言葉を用いると，任意の $\pi_1(N)$ の忠実離散表現は互いに共役であるということを示した．局所剛体性に対比して大域剛体性とよばれている．

3.3　柔軟性事始

　N がコンパクトでなく体積が有限のとき，多様体は，体積有限だが直径が無限なエンドとよぶ部分とコンパクトな部分に分かれる．マルグリス（Grigori Margulis）はエンドの漸近的構造は一様に理解できることを示したが，この事実の説明のため双曲幾何の基礎事実にさらに深入りする．

　双曲空間の等長変換は，固定点を双曲空間内にもつ楕円的元，固定点を無限遠球面に二つもつ双曲的元，固定点を無限遠球面にただ一つもつ放物的元の 3 種類に分類される．これらの元のダイナミクスを見るには，楕円的元については射影モデルで原点を固定点とすると球面幾何と対応がつきわかりやすい．他方，双曲的元と放物的元については上半空間モデル $\mathbf{H}$ がわかりやすい．双曲的元は共役をとって $0, \infty$ を固定点とすると，$\lambda \in \mathbb{R}$ を非負のスカラー，g を x_n 軸を固定する $\mathbb{R}^n$ の回転とすれば，$h \in \mathbb{R}^n$ に対し $h \to (\lambda \circ g)(h)$ で定まる $\mathbb{R}^n$ の相似拡大の $\mathbf{H}$ への制限として理解できる．向きを保つ変換に限

れば，$n = 2$ の場合は $g = \mathrm{id}$ で，実数倍による拡大縮小である．$n = 3$ の場合は $\lambda \circ g$ は $\lambda e^{i\theta}$ と表せ，λ を複素数に置き換えればそのまま通用する．図 3.15 は，回転の寄与がない場合の模式図である．

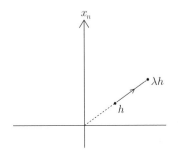

図 3.15　$\mathbb{H}^n$ の双曲元の作用のダイナミックス

放物的元は共役をとって ∞ を固定点とすると，$\alpha \in \mathbb{R}^{n-1} = \partial \mathbf{H}$ とすれば，$h \in \mathbb{R}^n$ に対し $h \to h + \alpha$ で定まる $\mathbb{R}^n$ の平行移動の $\mathbf{H}$ への制限として理解できる（図 3.16）．

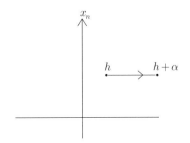

図 3.16　$\mathbb{H}^n$ の放物元の作用のダイナミックス

放物的元は固定点を中心とするホロ球面を不変にする．上半空間モデル $\mathbf{H}$ において固定点が ∞ の場合のホロ球面は，境界 $\partial \mathbf{H} = \{x_n = 0\}$ と並行な $\mathbf{H}$ の超平面でわかりやすい（図 3.17）．固定点を共有する放物的元からなる部分群は，$\mathrm{Isom}\,\mathbb{H}^n$ の $\mathrm{Isom}\,\mathbb{R}^{n-1}$ と同型な部分群をなす．このような部分群，さらにその部分群を放物的部分群という．

マルグリスの補題は，ある定数 $\varepsilon > 0$ が存在して，エンドの単射半径が ε 以

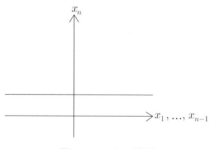

図 **3.17**　ホロ球面

下の部分はホロ球体の放物的部分群の商に等長的に埋め込まれることを主張する．特にトポロジカルには，$n-1$ 次元ユークリッド多様体と $[0, \infty)$ の積と同じであることを意味する．この ∞ に近い部分，あるいはその帰納極限であるエンドをカスプという（図 3.18）．

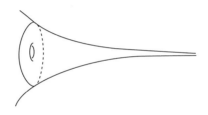

図 **3.18**　カスプ

　そこで有限体積双曲多様体 N の変形可能性だが，2 次元の場合，カスプがカスプである限り，すなわち対応するカスプの基本群を生成する部分群のホロノミー表現による像が放物的である限り，柔軟性の自由度はコンパクトな場合のタイヒミュラー理論と同様に N のオイラー標数で支配される．具体的には変形自由度は $6g - 6 + 3p$ 次元で，p はカスプの個数である．3 次元でも，ホロノミー表現が放物性を保つという条件の下では，カラビ・ヴェイユによる局所剛体性はガーランド（Howard Garland）により，またモストウによる大域剛体性はプラサード（Gopal Prasad）により有限体積の場合に拡張された．

　しかし放物性を保つという条件を落とすと，表現としてはホロノミーを変形できる可能性が生じ事情は大きく異なる．この変形に 2 次元と 3 次元の場合に

幾何学的解釈を与えたのがサーストンで，講義録 [3-4] の第 3 章から第 5 章で
独創性に富むストーリーが展開されている．ボナホン（Francis Bonahon）は
そのオリジナリティーを広く紹介すべく，学部生向きの著書 [3-1] の中で 2 次
元の場合について詳細を記している．そこでここでは，ボナホンの著書にある
一番簡単な場合を借用し，サーストンの柔軟思考の一例を紹介したい．

　双曲理想正 4 角形を用意する．対称性を利用して対辺を最短距離を実現する
2 点が写り合う等長変換で貼り合わせると，カスプが一つの双曲トーラスが得
られる（図 3.19）．

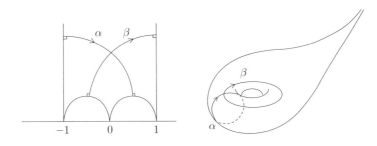

図 **3.19**　1 点穴あきトーラス

　しかし，貼り合わせの幾何学的自由度はこの貼り合わせに限られるものでは
ない．辺の貼り合わせの一方はそのままとし，他方を境界の測地線上でスライ
ド（対応する測地線をプレートと見なし地震変形）させると，結果として得ら
れる曲面は，トポロジーは変化しないが異なる双曲構造が載る．図 3.20 は，1
点穴あきトーラスの双曲構造の変形前とスライドによる変形後の基本領域の ∞
の周りでの上半平面モデルへの展開図を比較するための図で，その違いが見て
取れるだろう．これをどう解釈するか？

　変形で得られた双曲構造は完備ではなく，サーストンは完備化がどうなるか
を考え，カスプが円周にブローアップすると解釈した．図を見ながら落ち着い
て観察すれば確かにそうだとわかる．変形後，放物的だったカスプを生成する
基本群の元 a のホロノミーの行き先は，基本領域のコピーが右に進むに従い実
軸上のある点 p を固定点としてもつようになり，p がカスプを生成していた放
物的元の変形後の双曲的元の固定点の一つになる．p と ∞ を結ぶ虚軸に平行

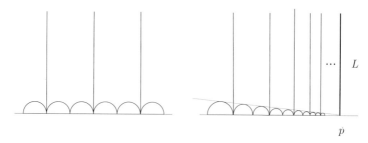

図 **3.20**　変形前と変形後

な直線 L が完備化により加わる点集合の普遍被覆で，a のホロノミーの行き先は L に縦にスカラー倍として作用する．したがってカスプが完備化により新たに境界をなす測地線を生むことになる（図 3.21）．

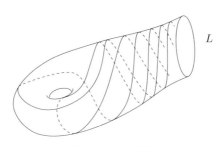

図 **3.21**　完備化

3.4　双曲デーン手術理論

　デーン手術は，3 次元球面の結び目を対象にした古典的結び目理論の概念で，結び目の管状近傍の補空間（外部とよぶ）にソリッドトーラスを貼り合わせて新しい 3 次元多様体を得る操作のことである（図 3.22）．

　結果として得られる多様体のトポロジーは，貼り合わせるソリッドトーラスの境界のソリッドトーラスの中で円板を囲う単純閉曲線 b のホモトピー類が，結び目の外部の境界のトーラス $\mathbf{T}$ のどのホモトピー類に写されるかで決まる．$\mathbf{T}$ の基本群 $\pi_1(\mathbf{T})$ は階数 2 の自由アーベル群で，メリディアン m とロンジチュード ℓ で生成される．b の行き先のホモトピー類は，符号を除いて m, ℓ の $\mathbb{Z}$ 上の一次結合

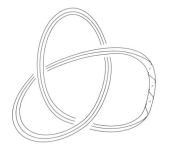

図 **3.22**　デーン手術

$$pm + q\ell \in \pi_1(\mathbf{T})$$

で表される．p, q の組 (p, q) をデーン手術係数という．ここで p, q は互いに素な整数で，符号は法とされることを用いて $p \geq 0$ とすれば，手術係数の集合は (p, q) に q/p を対応させることにより $\mathbb{Q} \cup \{\infty\}$ と同一視できる．例えば 0 手術は m が円板を囲むようにソリッドトーラスが付け加えられるので，そもそも結び目が住んでいた 3 次元球面が再現される．このような手術の概念は，一般のトーラスを境界にもつ 3 次元多様体から始めても，手術係数の記述の曖昧さは生じるが新しい多様体を生み出す操作としては一般性を失わずに拡張できる．

　サーストンは，講義録 [3-4] の第 4 章で 8 の字結び目の補空間の解析を徹底的に行った．

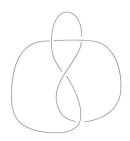

図 **3.23**　8 の字結び目

　カスプ付きトーラスが二つの理想 3 角形を貼り合わせてできたのとは非自明な類似であるが，N は二つの理想双曲 4 面体の和として表されることが出発点である（図 3.24）．この表示に慣れるには多少時間が必要で，講義録 [3-4] には

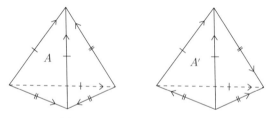

図 **3.24**　8 の字結び目の補空間の理想双曲 4 面体による分割

詳細な説明がある．

　貼り合わせを変形することを考える．2 次元の場合は理想双曲 3 角形の合同類は一意なので，変形を生む可能性は理想 3 角形の辺に関するスライドであった．一方 3 次元では，理想 4 面体の境界は理想 3 角形で，その合同類は一意で動かせない．しかし元となる理想 4 面体 Δ の構造は，境界は四つの理想 3 角形であることを保ちながら複素 1 次元分の変形自由度がある．この事実を確かめるには上半空間モデル $\mathbf{H}$ が都合よい．Δ の一つの頂点を ∞ に置くと，残りの三つの頂点は $\partial\mathbf{H} = \mathbb{R}^2 \cong \mathbb{C}$ に置かれ，その 3 点を頂点とするユークリッド 3 角形を底とする 3 角柱から 3 頂点を通り $\mathbb{C}$ に直交する半球を取り除いた部分が Δ の姿である．$\mathbb{C}$ 上の 3 角形の相似類は等長な理想双曲 4 面体を定めるので，2 頂点を指定して $0, 1$ に置けば，$\mathbb{C}$ にある三つ目の頂点の位置 $z \in \mathbb{C}$ が Δ の形をパラメトライズすると考えてよい（図 3.25）．この $z \in \mathbb{C}$ を Δ の形を表示するパラメータと見なす．

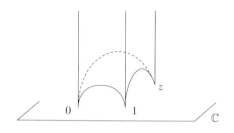

図 **3.25**　理想 4 面体

　そこで境界面の貼り合わせ対応はトポロジカルには不変な等長写像とし，二つの理想 4 面体の変形を考え，それぞれの変形のパラメータを z, w で表す．貼

り合わせの結果として綾が集まる多様体の中の線分が非特異，すなわち線分の
周りの錐角が 2π である場合を解析すると，完備な構造では $z = w = e^{\pi i/3}$ で
実現され，さらにその周りでは

$$z(z-1)w(w-1) - 1$$

をみたせば双曲構造を保ちながら変形可能であることがわかる.

　2 次元の場合と同様に変形するとカスプがブローアップするが，それを見る
にはカスプの基本群の生成元のメリディアン m とロンジチュード ℓ のホロノ
ミー表現の像がどのように変わるかを見るのがわかりやすい. 完備な場合の像
は，共役を除いてそれぞれ

$$\begin{bmatrix} 1 & 1 \\ 0 & 1 \end{bmatrix} \qquad \begin{bmatrix} 1 & \omega \\ 0 & 1 \end{bmatrix}$$

と仮定してよい. ここで ω はカスプのモジュラスを表す虚部が正の複素数であ
る. この二つの行列が，小さな変形で軸を共通にもつ双曲元に変わるので，適
当に共役をとれば

$$\begin{bmatrix} \lambda & 0 \\ 0 & \lambda^{-1} \end{bmatrix} \qquad \begin{bmatrix} \mu & 0 \\ 0 & \mu^{-1} \end{bmatrix}$$

である. λ, μ は各々 z, w の関数だが，z と w には従属関係があるので，λ と
μ も従属関係があり，完備な構造の近傍では μ は λ の関数と思ってよい. こ
こで (p, q) デーン手術を施した暁には $m^p \ell^q$ は自明な元を表すことを念頭に，
素朴に

$$\lambda^p \mu^q = 1$$

という方程式を考え，log をとって実数部分と虚数部分に分けて連立させると，
$\lambda = \mu = 1$ の近傍では指数 p, q の対が実数の範囲で符号を除いて一意的に決
まることがわかる. p, q が互いに素な整数の場合は，$\mathbf{T}$ 上の対応する単純閉曲
線のホロノミーの像が単位元に写されることを意味し，古典的なデーン手術係
数に他ならない. サーストンはこの実数の対 (p, q) を一般化されたデーン手術
係数と名付けた.

　一般化されたデーン手術係数は，古典的なデーン手術係数である互いに素な

整数の組を含む二つの実数の組で，幾何学的には変形後の完備化がつぎのように解釈できる．p, q が $\mathbb{Z}$ 上一次従属な場合は 1 点コンパクト化，一次独立な場合はカスプは円周にブローアップし，その近傍は円周に沿って錐上の特異双曲構造を生成し，さらに p, q が互いに素の整数のときは非特異になる．特に 8 の字結び目の古典的デーン手術により得られる多様体は，有限個を除いて双曲多様体になることがわかる．講義録 [3-4] では学部レベルの数学のみを使ってさらに詳細を解析し，除外されるのは 10 個であることも確かめている．図 3.26 は講義録から直接引用したが，まだ図を描くソフトなどがなかった時代の素朴な手描きの図版である．当時この図を見て，いろいろなことを思い巡らし周りと議論したことが思い出される．それほど衝撃的であった．

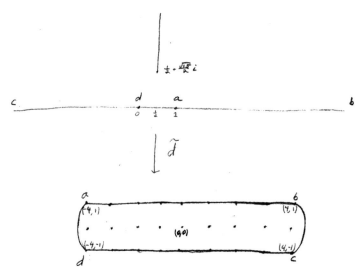

図 **3.26**　8 の字結び目のデーン手術空間（講義録 [3-4] 第 4 章より）

　この驚嘆に値する解析は，講義録 [3-4] の第 5 章で鮮やかに一般化される．議論は 4 面体による分割を仮定しないで変形の自由度を計算することから始まる．カスプをもつ多様体の $\mathrm{Isom}\,\mathbb{H}^3$ への表現の空間の次元を下から評価するには，基本群の生成元の個数と関係式の個数から計算するのが一つの方法である．境界がトーラスの場合この形式的な計算はそのままではうまくいかない．しかしトー

ラスの成分を結ぶ内側の 1 ハンドルを成分数と同じ数 k だけくり抜くことにより（図 3.27 参照），境界の種数を上げ生成元の数を k 増やし，関係式の要件を数える前の表現の空間の複素次元を $3k$ 増やす．ここで 3 は $\mathrm{Isom}\,\mathbb{H}^3 \cong \mathrm{PSL}(2,\mathbb{C})$ の複素次元である．このとき関係式が $2k$ 増えることを観察して形式的な次元カウントでカスプ成分の個数だけの次元を確保することができる．変形可能性の次元を形式的にカウントするコホモロジー理論は可能性しか示唆しないが，サーストンの計算は初等的でありながら実際に変形できる次元が確保されていることを保証する．トンネルを掘るというアイデアにただただ脱帽である．

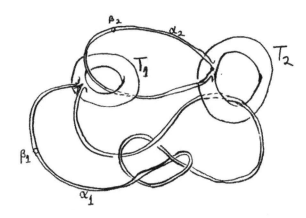

図 **3.27** トンネルを掘る（講義録 [3-4] 第 5 章より）

カスプ一つあたり少なくとも 1 次元の自由度が得られるという結果は，後に正確に 1 次元であることが証明され，例えば結び目の A 多項式などの代数幾何的にしっかりした研究に引き継がれている．しかし，変形の自由度を幾何学的に解釈するという柔軟な独創はそもそもサーストンによるもので，その影響は計り知れず，これからもあり続ける．

3.5 グロモフとサーストン

グロモフ（Mikhail Gromov）は 1943 年生まれの，数学における固い構造を柔軟化，擬化あるいは疎化とよぶアイデアで分野を革新する道筋を拓き，いくつもの異端な業績を誇るロシア人数学者である．2002 年にはその業績が高く評

価され京都賞を受賞している．

　その研究指向はサーストンのそれと共通部分が多々あり，実際いくつかの夢のようなコラボレーションがある．サーストンの講義録 [3-4] には，モストウ剛体性のグロモフによる証明の詳しい解説がある．またその過程で，グロモフノルムに対する新しい知見も記されている．おそらく一時期は深い研究交流があったのであろう．

　サーストンとグロモフのコラボレーションが論文として結実したのは唯一で，4次元以上の負曲率多様体のピンチング定数が離散的にならないことを示した論文 [3-3] である．ここでピンチング定数とは，負曲率計量を許容するコンパクト多様体に対する不変量で，許容する負曲率計量の断面曲率 K の範囲を上限を -1 に正規化して $-L \leq K \leq -1$ としたときの L の上限として定義される．実双曲多様体の場合 1，複素双曲多様体の場合 4 である．これに対し，負曲率計量を許容する多様体のピンチング定数は，幾何化予想の解決を用いれば3次元の場合は 1 だが，グロモフとサーストンの論文は，それに先駆けて4次元以上では状況がまったく異なり，1 にいくらでも近づくが定曲率にはなりえない多様体があることを具体的に構成している．

　例の構成は，実双曲多様体の余次元 2 の測地的部分空間の分岐被覆をとり，分岐集合上の近傍を負曲率計量に置き換え特異点を解消するという手法である．アイデアの根底には，サーストンの結び目のデーン手術と，グロモフによる局所的な計量の制御があり，それで何が主張できるかをピンチング問題に適応して共同研究を完成させたと想像される．鬼才二人の真の共同研究による成果ということだろう．ちなみに，論文 [3-3] の記述からは，どちらがメインのライターなのかは筆者にはわからない．

3.6　語感

　サーストンの数学での柔軟な思考は，日常生活でも十分に発揮されていた．特に言葉の使い方には独特のセンスがあった．

　いつだったか忘れたが，サーストンが MSRI の所長だった時，何かのシンポジウムの冒頭でニュースレターを発行することを宣言し，そのタイトルを "Emissary" とすると発表した．MSRI の発音をカタカナ表記すると「エムエ

スアールアイ」であり，Emissary は「エミッサリー」で少しなまれば「エムエスアールアイ」と聞こえなくもないダジャレである．Emissary は「特別な使命をもった使者」という意味のようだが，サーストンは MSRI を何と掛けたかったのだろうか．Emissary を冠する MSRI のニュースレターは今も健在で（図3.28），この話を知る人は今でも好んで MSRI をエミッサリーと発音する．

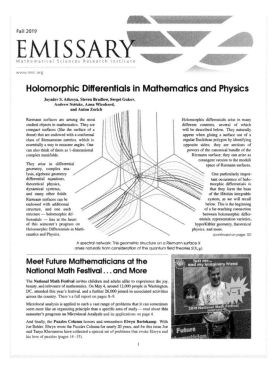

図 **3.28**　"Emissary"，2019 秋号の表紙ページ（MSRI のホームページより）

サーストンは文献 [3-5] で，20 世紀後半の数学の活動を定義（Definition）・定理（Theorem）・証明（Proof）からなる DTP スタイルと称した．これは 20世紀後半の数学研究の DTP スタイルの過度の行き過ぎを皮肉った表現であり，サーストン自身は諸手を挙げて賛成しているわけではない．当時，特段に進化し誰もがコンピュータで安易に使えると謳われた，しかしながら実際はそれほど思うようにはならない出版機能を DTP（Desk Top Publishing）とよんだこ

とに掛けたのは間違いないだろう．こうした言葉の遊びはサーストンには日常
茶飯事であった．

　また，サーストンの学生との接し方は，課題を提示して答えを待つタイプで
はなく，ウォーリックでのプロブレムセッションのように数多くの素朴なアイ
デアを不特定多数に提供し，学生が自ら課題を見つけることを促していた．学
生が相談すると，直接というよりは可能な成果を見越してサーストン独特の言
葉でアドバイスを与えていた．

　アメリカ数学会のノーティセス（Notices）のサーストンを追悼する特集記
事 [3-2] には，直弟子や間接的な弟子の寄稿がある．いずれもサーストンとの関
わりが数学の研究という範疇に留まらず，そもそも，ものの考え方に影響された
ことが記されている．中でもファーブ（Benson Farb）の稿は，Thurstonized
とか Thurstonian という言葉が出てきて興味深い．

　ファーブは，学位論文のテーマをカスプをもつ負曲率多様体の基本群にした
いとサーストンに相談した．彼の記事には，サーストンはしばしの沈黙の後，

> Oh, I see, it's like a froth of bubbles, and the bubbles have a bounded
> amount of interaction.

と言ったと記されている．どう訳せばよいのか見当もつかないが，趣旨として
は「複雑だが制御可能」といった感じだろうか．ファーブ自身もその意味は当
時はまったく理解不能だったと記している．しかし 3 年後にファーブは学位論
文を完成させて振り返り，もし学位論文の内容を 5 語以内で説明せよと言われ
たら

> Forth of bubbles. Bounded interaction.

と答えるとも記している．

参考文献

[3-1] F. Bonahon, *Low-Dimensional Geometry: From Euclidean Surfaces to Hyperbolic Knots*, AMS Student Mathematical Library, 49 (2009).

[3-2]　D. Gabai and S. Kerckhoff, William P. Thurston 1946–2012, Notices AMS, January 2016, 31–41. 以下で閲覧可；
https://www.ams.org/publications/journals/notices/201601/rnoti-p31.pdf

[3-3]　M. Gromov and W. Thurston, Pinching constants for hyperbolic manifolds, Inventiones math., **89** (1987), 1–12.

[3-4]　W. Thurston, The geometry and topology of three-manifolds, Princeton Lecture Notes, 1977/78. 以下でダウンロード可；
http://library.msri.org/books/gt3m/

[3-5]　W. Thurston, On proof and progress in mathematics, Bull. Amer. Math. Soc., **30** (1994), 161–177.

III部

数学を表現すること

第 4 章
サーストンの講義録との出会い

相馬 輝彦

　3次元多様体論に革新をもたらしたサーストンの講義録 "The geometry and topology of three-manifolds"（文献 [4-13]）に出会ったのは 40 年ほど前である．この出会いが私の研究者人生を決定づけたのは確かである．しかし，当時の私にとって，この講義録の内容はレベルが高すぎ簡単にマスターできるようなものではなかった．そのため，長い期間をかけ，少しずつ講義録に馴染んでいくしかなかった．読者の中にも，かつての私のように苦心しながら一歩一歩研究を進めている人がいるかもしれない．少しでもそのような読者の参考になれば嬉しい．

　専門用語や記号が説明なしに出てくる場合もあるが，あまり気にする必要はない．おおよその感じを掴んでもらえれば十分である．

4.1 　3次元多様体論への道

　1970 年代おわりから 80 年代のはじめにかけ，私は早稲田大学大学院の幾何学研究室に所属していた．名目上の指導教員は野口廣先生であったが，野口先生から直接指導を受けることはなかった．先輩の山本慎さんや三好重明さん（共に現 中央大学教授）や他の院生と一緒に，当時東京大学に所属されていた加藤十吉先生（現 九州大学名誉教授）の指導を受けていた．加藤先生に初めてお目にかかった時，大学院で何を研究テーマに選ぶかを相談させていただいた．私はそのころ，田村一郎先生の著書『微分位相幾何学』（文献 [4-10]）を読んでいた．現在この本は，一冊の単行本になっているが，私が読んだころは岩波講座『基礎数学』の中で I, II, III の三分冊に分かれていた．当時の私がこの著書の内容をどこまで理解していたかは怪しいところだが，高次元多様体論の美しさに

魅了されていたのは確かである．ここでいう高次元多様体とは，5次元以上の多様体を意味する．4次元以下の多様体を低次元多様体という．力学系の世界では，2次元以上を高次元力学系と考えるので，分野によって次元の感覚はだいぶ異なる．そこで，加藤先生に高次元多様体の分類を研究テーマに選びたいと申し出たのだが，先生の答えは「その研究はもう完了している」というものであった．そして4次元多様体論の研究をするように勧められた．最初に読むように言われたのは，当時出版されたばかりのフリードマン（Michael Freedman）の論文 "A fake $S^3 \times \mathbb{R}$"（文献 [4-2]）である．この論文では，高次元多様体のハンドル分解の理論で使われるハンドル代わりに，キャッソン・ハンドルとよばれる奇妙な「ハンドル」が使われている．応用として $S^3 \times \mathbb{R}$ に固有ホモトピー同値であるが，微分同相でない4次元開多様体を構成している．この論文は，キャッソン・ハンドルの正体に迫るものであり，もしこれがわかれば4次元多様体の（当該カテゴリーでの）分類は完成する．様々な研究結果が寄せ集まって徐々に4次元多様体の分類が完成していくというのではなく，誰か一人が栄冠を独占するという "all or nothing" の状況であった．私が思ったのは，キャッソン・ハンドルの正体を明らかにするのはフリードマン自身であろうということである．結局，その予想は当たっていた．しかし，研究者を目指すからには，ささやかであっても自分の研究結果を論文として発表する必要があり，傍観者でいるわけにはいかない．加藤先生がカナダのトロント大学に1年ほど出張することになったので，その間に，研究テーマを4次元多様体から3次元多様体に勝手に変更した．ドナルドソン（Simon Donaldson）によるゲージ理論を応用した新しい4次元多様体論が出現するのはその直後である．しかし，ゲージ理論は難しくて私には手の届かないものであった．結果的には，4次元から3次元への転向は正しい判断であったように思う．

　3次元多様体論のテキストとして選んだのは，プリンストン大学から出版されていたヘンペル（John Hempel）著 "3–Manifolds"（文献 [4-3]）である．この本は誰に薦められたわけでもないが，当時3次元多様体関係の著書は少なく自然と手にするようになった．1960年代後半，ワルトハウゼンらの先行研究者たちは，曲面（2次元多様体）で使われていた手法を，3次元多様体論に移植するのに成功した．ヘンペルの著書ではその方法が丁寧に解説されていた．この本

の良い点は，トポロジーの基本的な知識があれば自習が可能なことである．実際，使われているのが組合せトポロジーの主要な手法である「切り貼り法」なので，直観的な数学の好きな（裏を返せば抽象的な数学の苦手な）私にとってはぴったりであった．特に，デーンの補題の証明で被覆空間の有用性が実感できた時のことは，今でもはっきり覚えている．ちなみに，デーンの補題は本間龍雄先生（現 東京工業大学名誉教授）とギリシャ人数学者パパキリヤコプロス（Christos Papakyriakopoulos）によって独立に証明された 3 次元多様体論の基本定理である．そのころ出版された結び目理論の代表的な教科書であるロルフゼン（Dale Rolfsen）の "Knots and Links"（文献 [4-8]）も，図がたくさん描いてあり楽しく読めた本である．その後，結び目理論では量子不変量が出現し新しい時代に入ったが，私には遠い存在になった．

4.2　双曲幾何学入門

　ユークリッド（エウクレイデス，BC330–BC275 ごろ）の研究は，現在の論証数学の端緒となった．現代数学は，基礎的な概念を定義（Definition）した後，定理・命題（Theorem）の形で数学的事実を主張し，その証明（Proof）を与えるという形式をとっている．この繰り返しにより，理論を構築していくという DTP スタイルを確立したのが，ユークリッドの原論第 1–6 巻『初等平面幾何』である．現在に至るまでこの形式が踏襲されているが，サーストンによって，その問題点が指摘されている（本書，II 部第 2 章参照）．ユークリッドの初等平面幾何は，23 個の定義，5 個の公準（公理）からなる．これと数学一般に適応される 5 個の基本定理を使って，48 個の命題が証明されている．詳細は，小林昭七著『ユークリッド幾何から現代幾何へ』（文献 [4-4]）の第 1 章を参照してほしい．5 個の公準のうち，最初の 4 個は自明な主張のように見えるが，第 5 公準（平行線公理）はそれほど自明とはいえない．

平行線公理　2 直線と交わる一つの直線が同じ側につくる内角の和が 2 直角より小さいとき，2 直線をその方向に延長すれば，どこかで交わる．

　ユークリッドの原論が出現した当時から，平行線公理の独立性が疑問視されてきた．すなわち，第 1–4 公準を使って証明される命題ではないかと思われて

きた．ユークリッド自身そう考えていたようで，第 5 公準はなるべく使用しないようにしていたように見える．実際，初等平面幾何の命題 1–28 では，平行線公理は使われていない．第 5 公準が他の公準から証明できないことは，ボヤイとロバチェフスキーによって独立に証明された．実際彼らは，第 1–4 公準はみたすが第 5 公準をみたさない幾何学の存在を示した．同様の結果は，彼らより早くガウスによって知られていた．この幾何学を，非ユークリッド幾何または双曲幾何という．厳密には，クラインやポアンカレによって，双曲幾何の具体的なモデルが構成されたことを以て，初めて双曲幾何学が確立したといえる．

　ここでは，2 次元双曲幾何学のもう一つのモデルである上半平面モデルを紹介する．基礎となる空間は，平面 $\mathbb{R}^2$ の上半平面 $U = \{(x, y) \mid y > 0\}$ である．U 内の曲線 $C : x = f(t),\ y = g(t)\ (a \le t \le b)$ の双曲的長さ $\ell(C)$ を，

$$\ell(C) = \int_a^b \frac{\sqrt{\{f'(t)\}^2 + \{g'(t)\}^2}}{g(t)}\, dt \tag{4.1}$$

で定義する．被積分関数が分子だけだったら通常の長さと一致することに注意せよ．(4.1) が定める距離に関し，U の 2 点 p, q をつなぐ最短線分を**測地線分**という．測地線分は，p, q を通り x 軸に直交する半円または半直線に含まれるので，例外的な場合を除き，p, q を通るユークリッド幾何の直線分とは一致しない．実際，(4.1) の被積分関数は，$g(t)$ が大きいほど小さくなるので，ユークリッド直線分の上側を通るほうが，距離が短くなる（図 4.1 (a) 参照）．x 軸に直交する U 上の半円または，半直線を**測地線**という．これが，ユークリッド幾

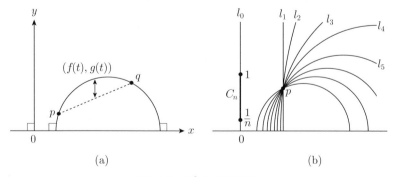

図 **4.1**　$\mathbb{H}^2$ 内の測地線

何における直線に対応する概念である．U 上に (4.1) で距離を定めた空間を**双曲平面**といい，これを $\mathbb{H}^2$ と表す．図 4.1 (b) からわかるように，測地線 l_0 上にない 1 点 p を通り，l_0 とは交わらない測地線はいくらでも存在する．したがって，双曲幾何学では平行線の公理は成り立たない．また，任意の自然数 n に対し，l_0 内の線分 $C_n : x = 0$，$y = t \left(\frac{1}{n} \leq t \leq 1 \right)$ の双曲的長さは $\ell(C_n) = \log n$ である．したがって，l_0 上の点 $(0, 1)$ から x 軸までの距離は無限である．x 軸と仮想点 ∞ をあわせたものを，$\mathbb{H}^2$ の**無限遠円周**といい，これを S^1_∞ と表す．S^1_∞ 上の点を**無限遠点**という．無限遠点は，U 上の点ではない．

つぎに，双曲 3 角形について考える．双曲 3 角形は，ユークリッド 3 角形とは著しく異なる性質をもつ．まず双曲 3 角形 Δ の内角 α, β, γ の和は π より小さく，また Δ の面積は，$\mathrm{Area}(\Delta) = \pi - (\alpha + \beta + \gamma)$ をみたす（図 4.2 (a) 参照）．特に，双曲 3 角形 Δ の面積は π 以下であり，それが π になるのは，Δ の頂点がすべて無限遠点のときであり，またそのときに限る．このとき，Δ の各辺の長さは無限であり，すべての内角は 0 である（図 4.2 (b) 参照）．このように，少なくとも頂点の一つが無限遠点であるような双曲 3 角形を，**理想 2–単体**という．図 4.2 (c) の Δ は，2 つの無限遠頂点をもつ理想 2–単体の例である．

2 次元双曲幾何学の特長は，その柔軟性にある．g 個のトーラスを連結して作っ

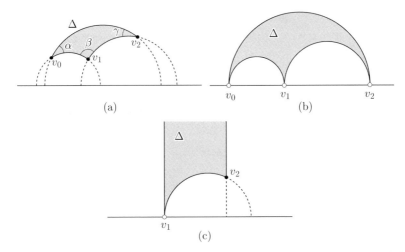

図 **4.2**　(a) $\alpha, \beta, \gamma > 0$，(b) v_0，v_1，v_2 は無限遠点，(c) $v_0 = \infty$，v_1 は無限遠点

た曲面 Σ_g を**種数** g の閉曲面という．また球面を種数 0 の閉曲面 Σ_0 と考える．た
とえるならば，Σ_0 はビーチボールのようなものであり，$g > 0$ のとき，Σ_g は g 人
用の浮き輪のようなものである（図 4.3 参照）．ここでは，$g > 1$ の場合を考える．
このとき，Σ_g は互い素な $3g - 3$ 個の単純閉曲線 $l_1, \ldots, l_{3g-3}$ によって，$2g - 2$
個の二つ穴あき円板 $P_1, \ldots, P_{2g-2}$ に分解できる．各 P_j $(j = 1, \ldots, 2g - 2)$

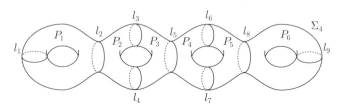

図 **4.3**　$g = 4$ の場合

はズボンのような形をしている．正数 $a_1, \ldots, a_{3g-3}$ を任意にとる．このとき，
P_j 上の双曲構造で，P_j の境界成分 l_i が長さ a_i の閉測地線になるものがとれ
る．したがって，$a_1, \ldots, a_{3g-3}$ は Σ_{3g-3} 上の双曲構造のパラメータと見なす
ことができる．さらに，P_j と P_k を共通の境界 l_i に沿って貼り合わせるとき，
そのねじり具合もまた双曲構造を決めるパラメータと考えることができる．こ
のようにして，Σ_g 上の双曲構造全体からなる空間 $\mathrm{Teich}(\Sigma_g)$ は，$6g - 6$ 次元
ユークリッド空間 $\mathbb{R}^{6g-6}$ と同相であることがわかる（詳細は，文献 [4-12] の第
8 章を参照せよ）．$\mathrm{Teich}(\Sigma_g)$ を Σ_g の**タイヒミュラー空間**という．特に，つぎ
のことがわかる．

- $g > 1$ のとき，閉曲面 Σ_g 上には，非常に多く（非可算無限個）の相異なる
  双曲構造が定義できる．
- これらの双曲構造は連続的に変化する．

この柔軟性が，2 次元双曲幾何学の最大の特徴といえる．一方，3 次元以上の双
曲多様体はそのような性質をもたない．それとは正反対の剛性定理が成り立つ．

4.3　サーストンと双曲幾何学

2 次元の場合と同様，n 次元双曲空間 $\mathbb{H}^n$ は，上半空間

$$U = \{(x_1, x_2, \ldots, x_n) \,|\, x_n > 0\}$$

を基礎空間にもつ．U 内の任意の可微分曲線 $C : x_i = f_i(t);\ i = 1, \ldots, n$ ($a \le t \le b$) に対し，その双曲的長さ $\ell(C)$ を，

$$\ell(C) = \int_a^b \frac{\sqrt{\{f_1'(t)\}^2 + \{f_2'(t)\}^2 + \cdots + \{f_n'(t)\}^2}}{f_n(t)} \, dt \tag{4.2}$$

で定義する．$\mathrm{Isom}^+(\mathbb{H}^n)$ を，$\mathbb{H}^n$ 上の向きを保存する等長変換全体からなる空間（群）とする．特に，$\mathrm{Isom}^+(\mathbb{H}^n)$ の要素は，$\mathbb{H}^n$ の合同変換を与える．局所的に，$\mathbb{H}^n$ と同じ距離空間となる n 次元多様体を，**双曲 n 次元多様体**という．距離をもつ多様体 M が双曲多様体であることと，M が定曲率 -1 のリーマン計量をもつことは同値である．さらに，双曲多様体 M が距離空間として完備なときは，ねじれをもたない $\mathrm{Isom}^+(\mathbb{H}^n)$ の離散部分群 Γ で，等化空間 $\mathbb{H}^n/\Gamma$ が M に合同（等長同値）なものが存在する．ここで，Γ がねじれをもたないとは，Γ が有限位数の要素をもたないことを意味する．また，定曲率 $+1, 0$ のリーマン計量をもつ多様体はそれぞれ**球面構造**，**ユークリッド構造**をもつという．双曲構造とあわせたこれら 3 種類が代表的な幾何構造である．

2 次元双曲幾何と 3 次元以上の双曲幾何の決定的な違いを示すのがつぎの定理である．

モストウの剛性定理　$f : M \longrightarrow N$ を，完備な双曲 n 次元多様体の間のホモトピー同値写像とする．$n \ge 3$ かつ M, N の体積が有限であるとき，f は等長写像にホモトピックである．

等長写像とは，距離を保存する同相写像のことをいう．したがって，等長写像 $f : M \longrightarrow N$ が存在するとき，M と N は合同であると考える．特に，M と N は同じ体積をもつ．とりあえず，この定理の主張に現れる他の専門用語を知る必要はない．重要なのは，M の次元が 3 以上のとき，タイヒミュラー空間 $\mathrm{Teich}(M)$ は空集合であるか，または 1 点集合であるという事実である．した

がって，2 次元双曲幾何のような柔軟性や多様性は期待できない．しかしサーストンは，3 次元の場合，双曲多様体は剛性とある種の柔軟性の両方をもっていることを明らかにした．

以下では，$n = 3$ の場合のみ考える．単に多様体といった場合は，3 次元多様体であるとする．

上で述べたように，完備な双曲多様体 M は，ねじれをもたない $\mathrm{Isom}^+(\mathbb{H}^3)$ の離散部分群 Γ を用いて，$M = \mathbb{H}^3/\Gamma$ と表すことができる．$\mathbb{H}^3$ 上の等長変換は，一次分数変換と同一視できるので，$\mathrm{Isom}^+(\mathbb{H}^3) = \mathrm{SL}_2(\mathbb{C})/\{I, -I\}\ (= \mathrm{PSL}_2(\mathbb{C}))$ と見なせる．よって，Γ は $\mathrm{PSL}_2(\mathbb{C})$ の離散部分群である．このような群を**クライン群**という．実際，完備な双曲多様体とねじれをもたないクライン群（の共役類）は一対一に対応しているので，双曲多様体を研究することとクライン群を研究することは同じことであるといえる．

元々，サーストンは葉層構造論の研究者として有名であった．n 次元閉多様体 M が余次元 1 の葉層構造をもつことと，M のオイラー標数が 0 であることが同値であることを証明した論文 (1976) はよく知られている．そのサーストンが，どうして双曲幾何学に興味を持つようになったのか，私はその詳細を知らない．サーストンは，S^3 上の余次元 1 の葉層構造の同境類の集合が連続濃度であることを証明している．そのとき利用したのが，ゴドヴィヨン-ヴェイ（Godbillon–Vey）数という同境不変量である．サーストンは，2 次元双曲幾何を利用してこの不変量が定数ではなく連続的に変化していることを証明している（詳細は，文献 [4-11] の 31 節を参照せよ）．

1970 年代中ばより，双曲幾何と多様体の関係を研究する土壌はできつつあったように思う．特に重要と思われるのが，マーデンの研究である．それに先行する 3 次元組合せトポロジーの研究として，ワルトハウゼンによるハーケン多様体の位相的分類 (1968) がある．**ハーケン多様体**とは，ある種の分解を続けることにより有限個の 3 次元球体の非交和に帰着できるような多様体のことをいう．広範囲のコンパクト多様体はこの性質をもつ．しかし，このような多様体の基本群は無限群になるので，すべてのコンパクト多様体がハーケン多様体というわけではない．

有限体積の凸コアをもつ完備な双曲多様体 M に対応するクライン群を**幾何**

的有限クライン群という．ここで，M の部分多様体 C がコアであるとは，包含写像 $i: C \longrightarrow M$ がホモトピー同値写像であることをいう．また，コア C が凸であるとは，C の任意の 2 点を結ぶ M 内の測地線が，C に含まれることをいう．幾何的有限クライン群は有限生成群であるが，有限生成クライン群が幾何的に有限とは限らないことに注意せよ．マーデン (1974) は，ワルトハウゼンの手法を使って幾何的有限クライン群の変形理論を創り上げた．

　サーストンによるハーケン多様体の一意化定理は，ワルトハウゼンの定理の双曲多様体版といえる．多様体 M が非圧縮トーラスを含まないか，または任意の非圧縮トーラスが M の境界成分と平行なとき，非トーラス的であるという．

ハーケン多様体の一意化定理　M をハーケン多様体とする．M が非トーラス的であるとき，つぎのいずれかが成り立つ．

- M の内部は，幾何的有限クライン群に対応する双曲構造をもつ．
- M はザイフェルト多様体である．

　ザイフェルト多様体は代表的な 3 次元多様体であるが，その構造は双曲多様体と比べるとずっと単純である．ペレルマンによって証明されたサーストンの幾何化予想は，M がハーケン多様体であるという仮定がなくても，既約かつ非トーラス的であれば，上記の結果が成り立つという主張である．本書 I 部第 1 章の解説にあるように，既約かつ非トーラス的多様体は，コンパクトな多様体の分解における素因子である．すなわち，自然数における素数のような役割をする多様体である．ホモトピー 3 次元球面はハーケン多様体ではない．しかしそれがザイフェルト多様体であれば，3 次元球面に同相であることはよく知られた事実である．したがって，幾何化予想が解決したことにより，長年の未解決問題であったポアンカレ予想も証明されたことになる．

　サーストンの一意化定理の証明は，M が円周上の曲面バンドルであるかないかで異なる．曲面バンドルに双曲構造が入るというのは，当時の感覚からすると不思議なことであった．$M = \mathbb{H}^3/\Gamma$ を曲面バンドルとする．ファイバー F に対応する Γ の部分群を Γ_F とすると，双曲多様体 $M_F = \mathbb{H}^3/\Gamma_F$ は $F \times (-\infty, \infty)$ に同相である．このとき，M_F の凸コアは M_F 自身と一致するので，その体積

は無限である．したがって，Γ_F は代数的には曲面群という 2 次元的なものであるが，クライン群としては 3 次元的である．ヨルゲンセン (Troels Jørgensen, 1977) の研究により，円周上の閉曲面バンドルで双曲構造をもつものが存在することがわかった．論文の中でヨルゲンセンはサーストンの示唆を受けたとあるので，サーストンもすでにこのような事実を知っていたことになる．それ以前に，ライリ (Robert Riley, 1975) は組合せ的手法を使って，球面 S^3 における 8 の字結び目 K の補集合 $S^3 \setminus K$ が，完備な双曲構造をもつことを証明していた（図 4.4 参照）．このように，補集合が完備な双曲構造をもつ結び目を**双曲**

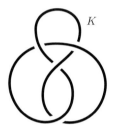

図 **4.4**　8 の字結び目

結び目という．8 の字結び目はファイバー結び目であること，すなわち $S^3 \setminus K$ が円周上の曲面バンドルであることはよく知られた事実である．したがって，ライリは不思議な双曲多様体の第一発見者ということになる．果たして彼は自分が証明した定理の重要さに気付いていたであろうか．サーストンは，ヨルゲンセンとライリの研究を見て，任意の非トーラス的曲面バンドル上に双曲構造が入ることを確信したのかもしれない．

4.4　サーストンの講義録

　サーストンの講義録（文献 [4-13]）は，彼のプリンストン大学における講義を聴講していた大学院生がまとめたものである．講義のたびにその講義録が配布された．当時プリンストンの高等研究所に出張中であった松本幸夫先生（現東京大学名誉教授）がそれを入手し，東大に送ってきた．松本先生の著書『新版 4 次元のトポロジー』の最後の付録「低次元トポロジーの 50 年」には，つ

ぎのように書いてある：

> 私もプリンストンにいた頃で，「サーストンはこんなこともやりだしたの
> か」と講義を聴きに行きました．内容が難しいので聴講者がどんどん減っ
> ていきましたが，私は最後までいちおう受講しました．サーストンがプリ
> ントを作って毎週配っていたので，それをもらいに行くだけでも価値があ
> るかなと．（文献 [4-5]）

この講義録のコピーは加藤十吉先生経由で早稲田大学の幾何学研究室にもた
らされた．私は大学院生になりヘンペルの本を読んでいる時，講義録の存在に
気がついた．当時の講義録はタイプライターを使って書かれていた．不思議な
図がたくさん描かれていて，一目で魅了された．現在のように手頃な電子的記
録媒体はなかったし，ソート機能をもったコピー機もなかったので，分厚い講
義録を 1 ページずつコピーした．コピーは代を経るごとに劣化していく．私の
持っている講義録も鮮明なものではない．これがオリジナルから見て何代目に
なるか不明であるが，何人もの研究者の手を経て自分の手元にあると思うと感
慨深い．今では，講義録は TeX を使って組み直されていて，その pdf ファイル
がインターネットを経由して容易に入手できる．便利ではあるが，望んでいた
物が入手できたときの嬉しさは感じないかもしれない．

この講義録は全部で 13 章からなるが，第 10 章と第 12 章は欠落しており，第
11 章は未完成である．

第 1–3 章　第 1 章では，双曲幾何学と多様体の関連について説明されている．
8 の字結び目の補集合上の完備な双曲構造を，二つの正則理想 3–単体を貼り合
わせて作る方法が，図を多用して丁寧に説明されている．ただし，3–単体とは，
3 次元単体，すなわち四面体のことである．これは，ライリの定理の別証明で
あるが，第 4 章で定義される双曲デーン手術の具体例を作るとき有効利用され
る．第 2 章は双曲幾何学の基本的な性質の解説である．特に，双曲 3 角形に関
する正弦定理や余弦定理の証明が与えられている．第 3 章は，多様体 X とそれ
に推移的に作用する群 G の対を局所モデルとしてもつ (G, X)–多様体について
の簡単な解説である．双曲多様体は $(\mathrm{PSL}_2(\mathbb{C}), \mathbb{H}^3)$–多様体である．

　第 1–3 章では，双曲結び目の具体的構成以外，特にサーストン理論の本質は現れない．

第 4, 5 章　通常の双曲幾何学とは異なるサーストンの双曲幾何学の特長が現れ始める．モストウの剛性定理より，完備有限体積の双曲多様体は一意的に決まる．そこで，有限体積という条件はそのままに完備という条件を外すことにより，双曲構造を変化させる．例として，K が S^3 の双曲結び目のときを考える．このとき，$M = S^3 \setminus K$ 上には完備有限体積の双曲構造が入る．$\mathcal{N}(K)$ を，S^3 における K の管状近傍とする．すなわち，K を芯にもつ管（トーラス体）である．$U(K) = S^3 \setminus \mathcal{N}(K)$ 上には，M 上の双曲構造を制限した双曲構造が定義できるが，これは完備ではない（図 4.5 (a) 参照）．そこでこの双曲構造に対

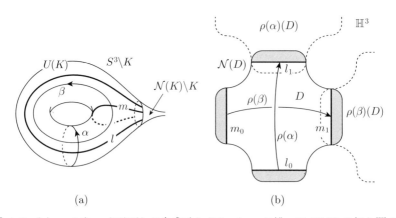

$$\text{(a)} \qquad\qquad \text{(b)}$$

図 4.5　(a) α, β を $\pi_1(U(K))$ の生成元とする．l, m に沿って $U(K)$ を切り開くと D が得られる．(b) グレーの部分は $\mathcal{N}(D) \setminus D$ を表す．

応するホロノミー $\rho : \pi_1(U(K)) \longrightarrow \mathrm{PSL}_2(\mathbb{C})$ を考える．ここではホロノミーの厳密な定義を知る必要はない．ホロノミーは双曲構造を変形するときのタグボートの役割をするのであるが，ホロノミー自体が動かせなければ意味がない．実際，$U(K)$ の基本群 $\pi_1(U(K))$ の表示から得られる関係式を使って，複素 1 次元（実 2 次元）分の変形空間が存在することが証明されている．$U(K)$ を切り開いてできた開円板 D を $\mathbb{H}^3$ 上に展開する．そのときの切り口が，D の境界

上に対になって現れる．例えば，図 4.5 (b) の (l_0, l_1), (m_0, m_1) はそのような
対である．これらの対に沿って D を少しだけ拡張した多様体を $\mathcal{N}(D)$ とする．
拡張された部分が，貼り戻すときの糊代となる．$\rho' : \pi_1(U(K)) \longrightarrow \mathrm{PSL}_2(\mathbb{C})$
が ρ に十分近い表現であるとき，ρ' に沿って $\mathcal{N}(D)$ を貼り戻すと，完備でない
双曲多様体 $U(K)_{\rho'}$ が得られる．$U(K)_{\rho'}$ は $U(K)$ と同相である．これは，紙
工作で貼り合わせが少しぐらいずれたとしてもでき上がりがあまり変化しない
のと同じである．この $U(K)_{\rho'}$ を拡張するコンパクトな双曲「図形」$M_{\rho'}$ が構
成できる．このような構成法を，**双曲デーン手術**という．この双曲デーン手術
で構成された図形のほとんどは，空でない特異点集合をもつので多様体とはい
えない．しかし，その内のごく一部（ただし無限個）は双曲閉多様体となる．
ここでは逆転の発想があることに注意してほしい．サーストンは，結び目の補
空間のデーン手術して得られた多様体に双曲構造を定義するのではなく，双曲
デーン手術によって得られた双曲図形の集団の中から，多様体を取り出してい
る．最初の方法では双曲多様体ができる保証はないが，第二の手法では必ず無
限個の双曲閉多様体の存在がわかる．

　講義録の第 4 章では，8 の字結び目の補空間の双曲デーン手術のような具体
例が考察されており，第 5 章では完備有限体積の双曲多様体に関する双曲デー
ン手術の理論が展開されている．さらに，第 5 章では，モストウの剛性定理の
標準的な証明がある．

　結び目理論が日本のトポロジーの得意分野ということもあり，第 4, 5 章の手
法や結果を利用している国内のトポロジー研究者は少なくない．

第 6, 7 章　講義録の第 6 章の目的は，グロモフの理論の双曲幾何への応用に
ある．私の研究者人生にもっとも大きな影響を与えたのがこの章である．グロ
モフの論文の出版が遅れ 1982 年になったため，講義録のほうが先に世に出た．
第 7 章は第 6 章の補遺であり，ミルナーによって書かれた．第 6 章から講義録
の内容が難しくなり，組合せトポロジー以外の知識が乏しかった私にとっては
理解するのが大変であった．

　双曲 3 角形と同様に，$\mathbb{H}^3$ 内の双曲 3–単体が定義できる．双曲 3–単体 Δ の
四つの頂点 $v_0, \ldots, v_3$ がすべて無限遠点であるときを考える．$\mathbb{H}^3$ の等長変換で

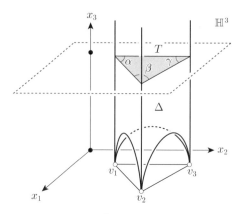

図 4.6　$\mathbb{H}^3$ 内の理想 3-単体

移動することにより，$v_0 = \infty$ と仮定できる（図 4.6 参照）．このとき，x_1x_2-平面に平行な平面による Δ の断面 T はユークリッド 3 角形である．T の内角 α, β, γ が Δ の等長型を決めるパラメータとなる．$\alpha + \beta + \gamma = \pi$ であるから，パラメータ空間は 2 次元である．第 7 章で，$\mathrm{Vol}(\Delta)$ が最大体積をとるのは，$\alpha = \beta = \gamma = \pi/3$ のときであり，またそのときに限ることが証明されている．この最大値を $\boldsymbol{v}_3$ とおくと，$\boldsymbol{v}_3 = 1.01494\dots$ である．この主張の証明は初等的であり，学部で習う重積分と偏微分の応用問題である．重要なのは，

　　「最大体積が双曲 3-単体の形を決定する」

という事実である．これは双曲幾何における，体積を使ったもっとも原始的な剛性定理といえる．$\alpha = \beta = \gamma = \pi/3$ である双曲 3-単体 Δ を**正則理想 3-単体**という．

　M を閉多様体またはトーラスを境界成分としてもつコンパクト多様体の内部と同相な開多様体とする．グロモフは，このような M に対し，**単体的体積**とよばれる位相不変量 $\|M\|$ を定義した．第 6 章では，この不変量のいろいろな性質が紹介されている．特に，M が完備な有限体積の双曲多様体の場合，$\|M\|$ は M の体積 $\mathrm{Vol}(M)$ に比例することが証明されている．実際，$\|M\| = \dfrac{\mathrm{Vol}(M)}{\boldsymbol{v}_3}$ が成り立つ．したがって，体積 $\mathrm{Vol}(M)$ は双曲多様体の位相不変量になるが，こ

れはモストウの剛性定理よりすでに明らかである．しかし，サーストンは，単体的体積を使ってつぎの剛性定理を証明した．

グロモフ-サーストンの剛性定理 $f : M \longrightarrow N$ を有限体積の完備な双曲多様体の間の次数 1 の連続写像とする．f が等長写像にホモトピックであるための必要十分条件は，$\mathrm{Vol}(M) = \mathrm{Vol}(N)$ である．

等長写像 $f : M \longrightarrow N$ が存在するとき，M と N は合同（等長的）になる．したがって特に，$\mathrm{Vol}(M) = \mathrm{Vol}(N)$ である．この定理は，その逆が成り立つという主張である．すなわち，体積によって双曲構造が決定できるという主張である．これは私たちの通常の感覚では想像しにくい．簡単な例でそれを説明する．3 次元ユークリッド空間において縦，横，高さが a, b, c の直方体 C と縦，横，高さが $2a, b, c/2$ の立方体 C' の体積はどちらも abc である．しかし，C と C' は合同ではない．

ここでグロモフ-サーストンの剛性定理のアイデアを紹介する．専門用語も出てくるが気にしなくてもよい．Δ^3 を 3 次元ユークリッド空間内の 4 面体とし，$v_0, \ldots, v_3$ を Δ^3 の頂点とする．任意の連続写像（特異 3–単体）$\sigma : \Delta^3 \longrightarrow M$ を考える．$\sigma(v_0), \ldots, \sigma(v_3)$ を動かさずに σ を連続的に変形して得られる可微分写像で，その像が M 内の双曲 3–単体になっているものを，σ の**直伸化単体**といい，これを $\mathrm{straight}(\sigma) : \Delta^3 \longrightarrow M$ と表す（図 4.7 参照）．σ を $\mathrm{straight}(\sigma)$

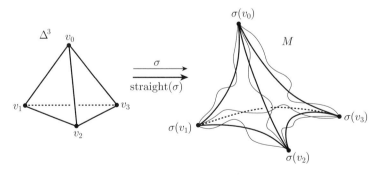

図 **4.7** 特異単体の直伸化

に置き換える操作は，ホモロジー論でいうところの鎖ホモトピーになっており，ホモロジー類を保存する．M の体積とは基本ホモロジー類上で体積要素を積分したものであるから，$\mathrm{Vol}(M)$ は直伸化単体を使って定義できる．

さてここで，$\mathrm{Vol}(M) = \mathrm{Vol}(N)$ を仮定する．任意の $\varepsilon > 0$ に対して，$\sigma : \Delta^3 \longrightarrow M$ は直伸化された特異 3–単体であり，像 $\sigma(\Delta^3)$ の体積 $\mathrm{Vol}(\sigma)$ は $v_3 - \varepsilon$ より大きいとする．このとき，$f \circ \sigma : \Delta^3 \longrightarrow N$ の直伸化単体 $\mathrm{straight}(f \circ \sigma) : \Delta^3 \longrightarrow N$ の体積も v_3 に十分近い．そうでない場合は，$\mathrm{Vol}(M) > \mathrm{Vol}(N)$ となり，矛盾が起こる．したがって，$\varepsilon \to 0$ とした極限状況を観察すると，M 内の任意の理想正則双曲 3–単体 σ に対し，$\mathrm{straight}(f \circ \sigma)$ もまた N 上の理想正則双曲 3–単体になる．すなわち，σ の像と $\mathrm{straight}(f \circ \sigma)$ の像は合同（等長的）である．この性質を使って，f が等長写像にホモトピックであることが証明できる．

第 8, 9 章　この 2 章は講義録の中核でありもっとも多くのページが割かれている．扱っているのは無限体積の双曲多様体であり，サーストン理論の本質が顕著に表れている．第 8, 9 章の目的の一つは，ハーケン多様体の一意化定理の証明に必要な基本的概念を提供することである．しかし，そこで展開されている議論はそれに留まるものではない．測度ラミネーション，トレイン・トラック，プリーツ状写像，単純退化エンド，エンディング・ラミネーション等の多くの革新的な概念が提供されており，これらはその後様々な方面で応用されるようになった．

M を非トーラス的ハーケン多様体とする．上で述べたように，M をある種の方法で分解することにより，有限個の 3 次元球体の非交和が得られる．これを M_0 とする．M_0 の各成分は 3 次元球体だから，凸双曲構造が入る．M_0 から貼り戻しにより M を得る逆方向の工程：

$$M_0 \implies M_1 \implies \cdots \implies M_i \implies M_{i+1} \implies \cdots \implies M_n = M$$

を考える．ここで，M_i の各連結成分に有限体積の凸双曲構造が入ると仮定し，マスキット（Bernard Maskit）の結合定理 (1971) を使って，M_{i+1} 上にも有限体積の凸双曲構造を入れたい（図 4.8 参照）．しかし，マスキットの結合定理

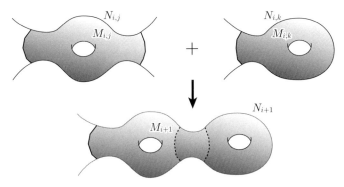

図 **4.8**　マスキットの結合定理. $M_{i,j}$, $M_{i,k}$ は M_i の連結成分を表す.

を実行するには凸双曲多様体がある種の必要条件をみたす必要がある. M_i を有限体積の凸コアとしてもつ完備な双曲多様体を N_i とする. このとき, N_i に対応するクライン群は幾何的に有限である. $0 \leq i < n$ のとき, N_i は無限体積をもつ. したがって, モストウの剛性定理の仮定をみたさない. 実際, マーデンの結果より, N_i 上の幾何的有限双曲構造の変形空間 D_i は可縮な有限次元開多様体である. マスキットの結合定理の必要条件となる双曲多様体は, D_i 上のある縮小写像 $\tau_i : D_i \longrightarrow D_i$ の不動点である. 縮小写像の原理を知っている読者ならば, τ_i は不動点をもつので, 一意化定理の証明が完成すると考えるかもしれない. しかし, D_i は完備な空間ではないので, $a_0 \in D_i$ を始点とする軌道 $\left\{ \tau_i^m(a_0) \right\}_{m=0}^{\infty}$ が D_i 内に収束する保証がない. 点列 $\tau_i^m(a_0)$ $(m = 0, 1, 2, \dots)$ に対応する双曲多様体 $N_i^m = \mathbb{H}^3 / \Gamma_i^m$ の極限を代数的および幾何的に解析することにより, この点列が収束することを証明する [1]. Γ_i^m は幾何的有限なクライン群であるから, N_i^m のエンドの様子は位相的な立場からは比較的単純である. しかし, その極限となる双曲多様体 N_i^{∞} のエンドが単純であるとは限らない. ここでつぎの問題が提起される.

　「代数的または幾何的極限多様体のエンドはどうなっているか？」

　サーストンはこの問題に解答を与えるべく, 地図もない未開の地に足を踏み入れ, つぎつぎと独創的な方法を開発し, 荒れ野を開拓していった. その開拓

---

[1]　厳密には, N_{i+1} が円周上の曲面バンドルではないという仮定が必要である.

の記録が，講義録の第 8, 9 章である．しかし，駆け出しの大学院生だった私に
とって，これらの章は眼前に聳え立つ絶壁のようであった．結局理解できない
まま途中で挫折した．ただし，有限体積の多様体を対象とする第 7 章までと無
限体積の多様体を扱っている第 8, 9 章は内容的に独立していたので，すでに読
んだところを使えば当座の研究は可能であった．これは弁解かもしれないが，
当時の私はなんとか論文を発表して研究者として認知してもらいたいというプ
レッシャーを常に感じていたので，難しい理論を悠長に勉強している余裕はな
かった．その当時より厳しい状況におかれている現在の大学院生や若手の研究
者ならば，私の気持ちを少しは理解してくれるかもしれない．

　今振り返ると，講義録の第 7 章までと第 8, 9 章が独立していると考えたのは
間違いであった．後になって，第 6 章の内容の無限体積版と，第 8, 9 章の内容
が密接に関連することが段々とわかってきた．これについては 4.6 節でもう一
度触れる．

第 13 章　この章では，軌道体を扱っている．多様体は局所的にユークリッド
空間の開球体と同一視できるような図形のことであるが，軌道体は局所的に開
球体の有限群による商空間と一致するような図形である．軌道体に対しても幾
何構造が定義できる．X を多様体とし，G を X 上の推移的作用とする．この
とき，(G, X)–軌道体 O は，G の離散部分群 Γ を使って，$O = X/\Gamma$ と表せ
る．このとき，Γ はねじれをもっていてもよい．単位元以外の Γ の要素の不動
点に対応する O の点を**特異点**という．O の特異点全体の集合を，O の**特異点
集合**といい，これを Σ_O と表す．O が (G, X)–多様体であることと，$\Sigma_O = \emptyset$
であることは同値である．3 次元 (G, X)–軌道体の局所モデルは図 4.9 のいず
れかとなる．ただし，G は向きを保存する作用とする．3 次元**双曲軌道体**とは，
$(\mathrm{PSL}_2(\mathbb{C}), \mathbb{H}^3)$–軌道体のことをいう．軌道体はハーケン多様体の一意化定理を
証明する道具として開発されたという面もあるが，双曲幾何とは独立に組合せ
トポロジーの立場からの研究もできる．内容的には，第 1–3 章から直接この章
に入ることも可能である．

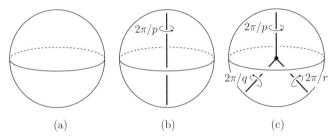

図 **4.9** (a) 内部は 3 次元開球体である．(b) p は 2 以上の自然数．$2\pi/p$ は特異点の周りの角度（錐角）を表す．(c) p, q, r は $1/p + 1/q + 1/r > 1$ をみたす 2 以上の自然数．

4.5 プリンストンにおけるサーストンの講義

1983 年の秋から 1984 年の春にかけての 1 年間，プリンストンの高等研究所に研究員として滞在した．英語も下手で人見知りな私にとって，それほど楽しい思い出はない．当時プリンストン大学の教授であったサーストンの講義が週 1 回あったので，それには参加した．他には特別な義務もなく，私の研究者人生においてもっとも自由に過ごせた時であった．

秋学期のサーストンの講義は，区間写像の力学系に関するものであり，当時の私にとってそれほど興味の持てるテーマではなかった．今の私だったらもっと真剣に聴講していたであろう．後に，この講義内容はミルナーとサーストンの共同研究として出版された（文献 [4-6]）．年が明けた 1984 年の春学期の講義は，軌道体の幾何化予想の証明である．この講義には，サーストンの学生だったカーコフ，マイヤーホフ（Robert Meyerhoff）や当時プリンストン大学の大学院生だったホッジソンらが聴講していた．いずれも双曲幾何の分野で一流の業績をあげることになった研究者である．

軌道体の幾何化予想は，特異点集合 Σ_O が空でない非トーラス的軌道体 O が幾何構造をもつという主張である．ここでは，O はハーケン軌道体であるとは仮定していない．なぜ多様体より複雑な構造をもつ軌道体の幾何化予想が多様体の幾何化予想よりも先に証明されたかというと，O には Σ_O という足場があるからである．

ここでは簡単のため，Σ_O が単純閉曲線の場合を考える．ハーケン多様体の

一意化定理より, $O \setminus \Sigma_O$ は完備有限体積の双曲構造をもつ. α を十分小さな任意の正数とする. このとき, $O \setminus \Sigma_O$ を双曲デーン手術することにより, Σ_O を錐角 α の特異点集合としてもつ双曲錐多様体が得られる. これを O_α と表す. 図 4.9 (a) または (b) において $2\pi/p$ の代わりに α としたものが O_α の局所モデルである. 錐角 α を増大させていく方向に双曲デーン手術を続ける. もし $\alpha = 2\pi/p$ まで到達できたならば, 軌道体 $O_{2\pi/p}$ は双曲構造をもつことが示される. ここまでは, 誰もが思いつくアイデアである. しかし, 到達前に双曲デーン手術の拡張が止まる場合がある. そのときの錐角を α_0 とすると, O_{α_0} の少なくとも一箇所で崩壊が起こっている. 万事休すと思われたそのとき, サーストンはリスケーリングという手法を使って, その危機を回避した. 彼は, 崩壊が起こる箇所を基準に尺度を変えることにより, 崩壊が起こらないようにした. ただし, O_α の大きさを R 倍すると, 曲率は -1 から $-1/R^2$ に変化する. $\alpha \nearrow \alpha_0$ のとき, $-1/R^2 \nearrow 0$ であるから, O_α を拡大した錐多様体 $O_{\alpha, R}$ は, ユークリッド錐多様体 E_{α_0} に幾何的に収束する. 一般に, E_{α_0} はコンパクトとは限らないが, ここではコンパクトな場合のみを考える. このとき, E_{α_0} と O_{α_0} は同型な軌道体となる. $\alpha_0 = 2\pi/p$ であれば, 軌道体 $O_{2\pi/p}$ はユークリッド構造をもつので, 一意化定理は成り立つ. 問題は, $\alpha_0 < 2\pi/p$ の場合である. もはや, 大域的変形を推進するタグボートは存在しない. そこで, 特異点集合の周りだけで局所変形を行い軌道体 $O_{2\pi/p}$ を作る. この軌道体は, Σ_O の近傍で正, その補集合では正から零へと減少していくリッチ曲率をもつ. もちろん, このような非均一構造は幾何的ではない. サーストンは突然ここで, ハミルトンの結果を持ち出し, 軌道体 $O_{2\pi/p}$ は球面幾何構造をもつと結論づけた. これを聞いた時は, 本当に「アレッ」という思いであった. 彼の証明はリッチ・フローとよばれる熱方程式を使うものであり, 私にはまったく予想外なものであった. 幾何化予想は, 双曲幾何的手法だけでは到達できないと実感した瞬間である. よく知られているように, 後になって, ハミルトンのこの研究が, ペレルマンの幾何化予想の証明につながることになる.

　3 次元幾何の中には, 双曲幾何が退化した構造と見なされるものもあるが, 球面幾何 $(SO(4), \mathbb{S}^3)$ は, そうはならない. したがって, ポアンカレ予想が双曲幾何的手法で解けなかったのも当然だったといえる. 軌道体の幾何化が大定理

であることは間違いがない．しかし，その証明はどちらかというと直線的であり，ハーケン多様体の一意化定理の証明ほどの発展性は感じられなかった．

　プリンストンに来てわかったことであるが，サーストンは別格として，彼の指導した卒業生や大学院生も非常に優秀でとても追いついて行けなかった．やはりここは，凡庸な研究者が来る場所ではないと強く思った．ただし，プリンストンにいた 1 年は無駄だったというわけではなく，何事にも煩わされることなく研究に集中できたのはよかった．ある晩，研究所に併設された宿舎で講義録の第 8, 9 章を見直していた時，ふと，サーストン理論の一端が見えたような気がした．それまでの私の研究は，自力では動かすことのできない「サーストンの双曲幾何」を「組合せトポロジー」で牽引しているようなものであった．しかしその日から，少しずつではあるが，「双曲幾何」を直接操作できるようになった．講義録が座右の書になったのは，それ以降である．

4.6　有限体積と無限体積の理論の統一に向けて

　サーストンは，1982 年に 3 次元双曲幾何とクライン群に関連する 24 の未解決問題を提出した（文献 [4-14]）．その第 1 番目が，幾何化予想であり，これはペレルマンによって解決された．ここで私が関心を持っているのは第 11 番目の問題で，エンディング・ラミネーション予想とよばれていた．この予想は，サーストンの学生であったミンスキー（Yair Minsky）の一貫した研究により完全に解決された．これについて簡単に解説しておく．

　無限体積の双曲多様体 $M = \mathbb{H}^3/\Gamma$ を考える．Γ が有限生成のクライン群であれば，スコットのコア定理 (1973) より，M は有限体積のコア C をもつ．ただし，C は M の中で凸になるとは限らない．補集合 $M \setminus C$ の連結成分 $E_1, \ldots, E_m$ は無限体積の部分多様体である．各連結成分 E_i は，M のエンド $\mathcal{E}_i$ の近傍と見なせる．サーストンおよびその周辺の研究者によって，これらのエンドは幾何的有限か，または単純退化のいずれかであることが証明された．幾何的有限エンドには等角構造という不変量が対応し，単純退化エンドにはエンディング・ラミネーションという不変量が対応する．エンディング・ラミネーション予想は，これらの不変量によって双曲構造が決定できるかという問いである．何人かの研究者の協力を得ながら，ミンスキーがこの予想を解決したので，今では

エンディング・ラミネーション定理とよばれている．不変量とは，対象から得られるデータである．二つの対象のデータを比較する．それらが一致することによって，対象が同一であることが判定できる場合がある．このようなデータを完全不変量という．エンディング・ラミネーション定理は，エンドの等角構造とエンディング・ラミネーションの組が完全不変量であるという主張である．幾何的有限エンドの等角構造は，強い不変量で，これが双曲構造を特徴づけることは納得できる．一方，単純退化エンドのエンディング・ラミネーションは頼りなく見える不変量であり，それが双曲構造を決定するというのが不思議であった．例えば，等角構造は個人の DNA のようなものであり，DNA によって個人はほぼ一意的に決定される．一方，エンディング・ラミネーションは，リトマス試験紙のようなものだと考えられる．溶液に入れたリトマス試験紙が赤になったとしても，それだけではどのような溶液か特定するのは難しい．

　有限体積の双曲多様体を扱った講義録の第 6 章と，無限体積を扱った第 8, 9 章の内容がわかってくるにつれ，その間に橋を架けたいと思うようになった．特に，グロモフ-サーストンの剛性定理の無限体積版を証明するのを目標としたが，最初はどうしてよいかわからなかった．実際，グロモフの単体的体積は双曲多様体の体積と比例するので，無限体積の多様体の場合は使えない．しかし，単体的体積の双対概念である有界コホモロジーは，このような場合でも利用できることがわかって，急に視界が広がった．説明を簡単にするため，Σ_g が種数 $g > 1$ の閉曲面であり，M が $\Sigma_g \times (-\infty, \infty)$ に同相な双曲多様体の場合を考える．M に「枠組」を与える（ホモトピー同値）写像 $f : \Sigma_g \longrightarrow M$ をマーキングという．M の体積は無限であるから，体積の代替物として特異 3–単体 $\sigma : \Delta^3 \longrightarrow M$ ごとにその体積 $\mathrm{Vol}(\sigma)$ を与える関数を考える．しかし，その関数は有界ではないので扱いが難しい．そこで，σ の体積の代わりにその直伸化 $\mathrm{straight}(\sigma)$ の体積 $\mathrm{Vol}(\mathrm{straight}(\sigma))$ を与える有界関数を考える（図 4.7 参照）．このようにして定義されたのが 3 次有界コホモロジー $H_b^3(M, \mathbb{R})$ の基本類 $[\omega_M]$ である．M, M' を $\Sigma_g \times (-\infty, \infty)$ に同相な双曲多様体で，そのエンドはすべて単純退化であるとする．$f : \Sigma_g \longrightarrow M$, $f' : \Sigma_g \longrightarrow M'$ をマーキングとする．このときつぎが証明できる（Teruhiko Soma（1997, 文献 [4-9]），James Farre（2018, 文献 [4-1]））．

定理　M と M' が与えられたマーキングの元で同じ双曲構造をもつための必要十分条件は，$H_b^3(\Sigma_g, \mathbb{R})$ において $f^*([\omega_M]) = f'^*([\omega_{M'}])$ となることである．

　有界コホモロジーは，位相空間のホモトピー不変量である．意外に思うかもしれないが，2次元多様体である Σ_g の3次有界コホモロジーは零ではない．実際，$H_b^3(\Sigma_g, \mathbb{R})$ は連続濃度次元の巨大なベクトル空間である．この定理により，目的は達成されたかに見えるが，そうではない．実際に証明しているのは，「同じ基本類をもつ」という仮定から「同じエンディング・ラミネーション」をもつということだけである．剛性定理の証明の本質的な部分は，エンディング・ラミネーション定理に丸投げしている．すなわち，状況はつぎのようになる．

　　エンディング・ラミネーション定理
　　　　$\Longrightarrow$ 無限体積版グロモフ-サーストン型剛性定理

　サーストンの提出した24の未解決問題に話を戻す．問題の多くは肯定的に解決しており，彼の予見の正確さに驚かされる．これについては，オタル（Jean-Pierre Otal）による解説（文献 [4-7]）がある．サーストンは，常人にはうかがい知れない双曲幾何の深遠な世界が見えていたのだと思う．ミンスキーのエンディング・ラミネーション定理の証明は，曲線複体という概念を使うものである．たしかにそれは革新的な証明であるが，講義録の内容とは一線を画するものである．サーストンがこの予想を提出した理由は，講義録の第8, 9章のどこかにあるはずである．それが発見できれば，目標とする

　　無限体積版グロモフ-サーストン型剛性定理
　　　　$\Longrightarrow$ エンディング・ラミネーション定理

が実現できる．しかし，有界コホモロジーの基本類だけではこの課題を遂行するには不十分であることがわかってきた．現在は，M を覆い尽くすコンパクト部分多様体の増大列を利用する手法が有力であると考えている．これを使って，エンディング・ラミネーション定理より強力なグロモフ-サーストン型剛性定理が証明できるのではないかと期待している．

参考文献

[4-1] J. Farre, Bounded cohomology of finitely generated Kleinian groups, Geom. Funct. Anal., **28** (2018), 1597–1640.

[4-2] M. Freedman, A fake $S^3 \times \mathbb{R}$, Ann. of Math. (2) **110**, No. 1 (1979), 177–201.

[4-3] J. Hempel, *3-Manifolds*, Princeton Univ. Press (1976).

[4-4] 小林昭七, 『ユークリッド幾何から現代幾何へ』, 日本評論社 (1990).

[4-5] 松本幸夫, 『新版 4 次元のトポロジー』, 日本評論社 (2016).

[4-6] J. Milnor and W. Thurston, On iterated maps of the interval, Lecture Notes in Math. **1342**, Springer (1988), 465–563.

[4-7] J.-P. Otal, William P. Thurston :"Three-dimensional manifolds, Kleinian groups and hyperbolic geometry", Jahresber. Dtsch. Math.-Ver. **116** (2014), 3–20.

[4-8] D. Rolfsen, *Knots and Links*, Publish or Perish (1976).

[4-9] T. Soma, Bounded cohomology of closed surfaces, Topology, **36** (1997), 1221–1246.

[4-10] 田村一郎, 『微分位相幾何学』, 岩波書店 (1992).

[4-11] 田村一郎, 『葉層のトポロジー』, 岩波書店 (1976).

[4-12] 谷口雅彦・奥村善英, 『双曲幾何学への招待―複素数で視る』, 培風館 (1996).

[4-13] W. Thurston, The geometry and topology of three-manifolds, Princeton Lecture Notes, 1977/78. 以下でダウンロード可.
http://library.msri.org/books/gt3m/

[4-14] W. Thurston, Three-dimensional manifolds, Kleinian groups and hyperbolic geometry, Bull. Amer. Math. Soc., **6** (1982), 357–381.

第 5 章

サーストンはパリコレといかに関わったか

阿原 一志

5.1 高度な数学をテーマにしたパリコレ

　サーストンの経歴の中で異色のものといえば，ISSEY MIYAKE のパリにおけるコレクション，いわゆるパリコレにおける貢献であるといえよう．

　ISSEY MIYAKE といえば，日本が誇るデザイナーである三宅一生氏が立ち上げた世界的ブランドであり，現在は服飾に限らず幅広い分野で活動を行っている．ISSEY MIYAKE は毎年 2 回パリにおいて婦人服のコレクションを行っており，これがいわゆるパリコレクション（略してパリコレ）として広く認知されているものであるが，2010 年の秋冬のパリコレにおいて，ISSEY MIYAKE が掲げたタイトルは「ポアンカレ・オデッセイ」であった．ここでいうポアンカレは言うまでもなく数学者のアンリ・ポアンカレの意味であり，ISSEY MIYAKE はポアンカレ予想をテーマにコレクションを創り上げたのだった．

　日本に限らず欧米においても，服飾のテーマが数学，それも非常に高度で最先端の数学であることはたいへん珍しく，かつその貴重なパリコレにサーストンが関わっていたということは，サーストンのファンである私にとってまたとない喜びである．サーストンは実際にパリコレの現場に出向き，舞台上でクリエイティブ・ディレクターであった藤原大氏（現在は多摩美術大学教授，DAIFUJIWARA 代表）とアトラクションを行ったようである（図 5.1）．パリコレの舞台に上がった数学者についてのデータは何もないが，おそらく前にも後にもこのようなことは起こらないのではないかと思われる．

　また，この「ポアンカレ・オデッセイ」の評判であるが，ヨーロッパにおいては興味深い試みとして肯定的に受け入れられたようである．日本においては，本件のような「数学とアートとのコラボレーション」への理解は薄く，当時あ

図 **5.1**　藤原大氏とアトラクションを行うサーストン（Photographer : Takeshi Miyamoto, ©2010 ISSEY MIYAKE INC.）

まり取りあげられなかったのは残念であった．

　本稿では，その経緯について筆者が覚えている限りのことを紹介したいが，最初にお断りしておくことがある．実は筆者はこのコレクションのための準備事業として，日本のアトリエにおける数学のコーチとして参加したのであるが，そもそもパリでのコレクションには参加しなかった（渡仏すらしなかった）．このような状況で，パリコレにおけるサーストンの振る舞いについては伝聞によるものでしかなく，リアルな実況はできない状況であることをお断りしなければならない．筆者とサーストンは本件に関連して，画像を含めて何度となくメールのやり取りをしたのであるが，それらは 2011 年の東日本大震災においてすべて失われてしまった．かえすがえす残念なことである．

5.2　藤原大氏から見たサーストンと彼の数学

　当時の ISSEY MIYAKE のクリエイティブ・ディレクターは藤原大氏であった．藤原氏がポアンカレ予想という数学をパリコレのテーマとして選んだ経緯について，文献 [5-2] から該当箇所を引用しよう．まず，藤原氏の数学観はつぎ

のように語られている．服飾デザインに新しい空気を取り入れようと考えても，なかなか物理や数学から着想を得ることはないのではないかと思うが，そこは藤原氏ならではの独特の感覚が語られていて興味深い．

藤原「私の勝手な解釈ですが，あるイメージや理論・理屈を「最終成果物」に繋げていく手段に「物理」があります．（中略）一方，「数学」は「空想」でも，あたかも「物質」があると言えてしまう予言術のようだと思いました．これは，大胆なデザインシンキングと考えると，その驚きと，その術を会得したい欲求もありますね」

　また，なぜポアンカレ予想をテーマにしたのだろうか．そもそもは NHK の番組「100 年の難問はなぜ解けたのか～天才数学者 失踪（しっそう）の謎～」から考え始めたということだが，サーストンの幾何化予想やポアンカレ予想について，「未知なるものへの探索」や「物の形へのアプローチ」といった観点からサーストンに強い共感を覚えていたのではないかと思われる．実際，インタビュー（文献 [5-2]）で藤原氏はつぎのように語っている．

藤原「本やインターネットで調べるにつれて，サーストン氏が考えている「8 個の幾何で宇宙の形を解明する」という世界観や感覚が，自分たちが持つ感覚に似ていると感じ始めました．感覚が合ってないと，仕事が進まなくなります．これは，ちょっとしたことでなんとなく分かってしまうものなのです」

　藤原氏はこのアイデアを具体化すべく，まずは小島定吉先生（当時は東京工業大学教授），引き続いてサーストンに相談に行って，コレクションについての藤原氏の熱意を伝えると同時に，この 2 名とワークショップを行い，高度な数学の感覚を掴むことに注力した．最初は数学の専門家として小島定吉先生にコンタクトをとる．小島先生は 2009 年 9 月に ISSEY MIYAKE のアトリエで，双曲タイリングで作る閉曲面を布のパッチワークで製作するワークショップを行い，藤原氏に大きな影響を与えた．やはり，幾何化予想の感覚を掴むためには双曲幾何学の感覚がポイントになるということに筆者は同意するが（というのは，ユークリッド幾何や楕円幾何は日常的な感覚と結びつきやすいのに比べて，双曲幾何は実生活には見かけない形だからである），そのためのワークショップであったと考えられる．

　引き続いて，藤原氏はスタッフを連れてコーネル大学（イサカ，アメリカ）へ

行ってサーストンと面会した．面会の目的は伝えてあったものの，歴史に名が残ると言われている大数学者がパリコレの企画を好意的に受け止めてくれるかどうか不安もあったと，同行したブランドマネージャーの M 氏は後に述懐している．藤原氏はサーストンのことをつぎのように言っている．文献 [5-2] からの引用である．

藤原「書籍や写真を通じて様子は分かっていましたし，事前にメールでやり取りをしていましたので，イメージしていた通りの方でした．研究者や学者といった感じでしたが，とても優しく，非常にカジュアルな感覚を持った方だったのですぐ友達になりました」そして，サーストンのもとで「幾何化予想の理論に留まらず，粘土を使った立体模型のワークショップが行われた」という．

　サーストンのほうでは，そもそも服飾には興味があるし数学の理論が服になるという話はたいへん興味があるのでぜひ話を聞きたい，とのメールの返事をしていたようである．この直接のやり取りを通して，藤原氏はショーの成功を確信できたようである．

　　　　　　＊　　　　　＊　　　　　＊

　最終的に藤原氏はサーストンの数学をどのように受け止めたのだろうか．引き続き引用しよう（文献 [5-2]）．

藤原「（前略）今回の数学の世界は絵にするのも大変な世界でした．絵にできないものがあるという事実は，デザインの仕事をしていて，ちょっとショッキングな出来事でした」「これも，デザインの世界だと思うのです．実物を手にしなくても物事を始められるということは，仮想と現実をつなげることができるということ．話には聞きますが，人類が経験しない新たな創造を起こす原動力そのものを本当に意味しているのだと実感しました」

　ISSEY MIYAKE のアトリエでパリコレのスタッフと対話をした時の感触を思い出すと，数学者としての筆者は「数学はどこまで行っても数学でしかない」というのが本音だったように思う．そういう中で，藤原氏は数学に対するイメージのみならず，数学という方法論までも服や装飾品というカタチとして創り込んでいったと思うのである．その作業の過程ではサーストンというバックグラウンドが彼らの背中を押していたのだろう．

5.3　8 つの幾何学の図

　とはいえ，少ない予備知識から幾何化予想をデザインに落とし込むことはたいへん困難であると思われる．藤原氏のイメージのもととなった NHK の番組「100 年の難問はなぜ解けたのか」では，8 つの幾何を表すオブジェクトが画面構成上必要だった．小島先生の回想を引用しよう．

小島「NHK の番組作成中，および ISSEY MIYAKE パリコレチームがサーストンの宇宙の捉え方を服飾として表現する過程で，私は両者から「8 種類の幾何をオブジェ化できないか？」というリクエストを受けた．幾何化予想には幾何という抽象的な概念が 8 種類登場するが，その 8 種類を区別できるイメージ像がないか，というのである．」（文献 [5-3]）

　しかし，そもそも 3 次元幾何学のことでもあるし，これをテレビの画面用のデザインとして創意するのはたいへん難しいことである．番組では，小島先生に相談のうえ，「グラフィックスチームががんばって，積構造を根拠にした宇宙のダークマターを連想させる美しいコンテンツを作成し，確かな説得力をもって番組に登場させた」（文献 [5-3]）ということで，筆者もそのデザインにはひどく感動したことを覚えているが，藤原氏と会ったサーストンは，同じリクエストに対して，それとはまったく異なった図案を提案したのだった．ここでも小島先生の回想を引用しておく．

小島「ISSEY MIYAKE パリコレチームはイサカに出向いたとき直接サーストンに同じリクエストをし，2009 年秋に結び目・絡み目によるメタファー（暗喩）が贈られた．（中略）サーストンが贈った 8 個の結び目・絡み目を前に，これがテキスタイル向けの 8 種類の幾何の説明なのかと久しぶりに彼の孤高の感性に触れ，深く感動した．」（文献 [5-3]）

　具体的には，サーストンは藤原氏に図 5.2 のような「8 つの幾何学の図」を提示したのだった．

　これらの結び目・絡み目をモチーフにしたストールも実際に作られ，レセプションパーティーでも披露された（文献 [5-1]，口絵 20）．この図がなぜ 8 つの幾何学を表すか，といった話は筆者が文献 [5-1] で解説をしているのでそちらを参照されたい．

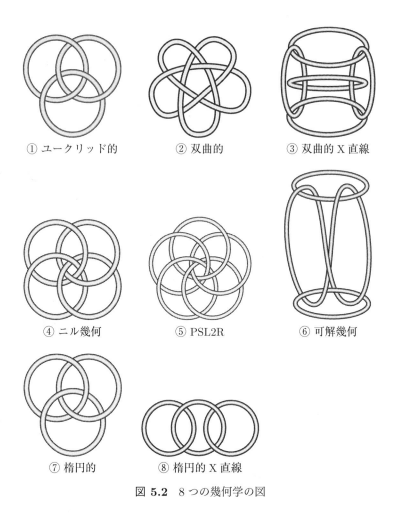

① ユークリッド的　　② 双曲的　　③ 双曲的 X 直線

④ ニル幾何　　⑤ PSL2R　　⑥ 可解幾何

⑦ 楕円的　　⑧ 楕円的 X 直線

図 **5.2**　8 つの幾何学の図

5.4　サーストンのパフォーマンス

　ブランドマネージャーの M 氏によると，コレクションに関連して行われたレセプション（パーティー）で，サーストンはちょっとしたパフォーマンスをしたという．まずは写真を見てほしい（図 5.3）．これはパーティーの招待状であるが，その本文にはつぎのような言葉が書かれている．

PEELING THE
ORANGE

ISSEY MIYAKE MEETS MATHS

図 **5.3**　オレンジの皮を剝くパーティー

DAI FUJIWARA AND WILLIAM THURSTON
INVITE YOU
TO PEEL ORANGES AND EAT DONUTS
FRIDAY 5TH OCTOBER 2010, 19:00

藤原氏とサーストンは，パリコレの舞台上で巨大なビニールパイプのようなものを絡み目と見立てちょっとしたパフォーマンスをしてみせたようだが，コレクションに関連したパーティー "Peeling the Orange Reception" でサーストンはさらにパフォーマンスを見せたとのことである．まず，この「オレンジの皮を剝くパーティー」とはどういうことか説明しよう．このパーティーの参加者にはオレンジ（おそらく，温州ミカンのような皮の柔らかいものと想像される）が手渡され，これをバラバラにしないように剝くことを求められる．丸いオレンジから剝かれた皮を平らな面に置くことは難しいが，適切に切れ目を入れて，できるだけ平面に置けるような形にしてもらう．こうして参加者が思い思いに作った「オレンジの展開図」を一堂に並べて，元のオレンジの形を思い起こそうという企画である．これは藤原氏が服飾デザインを若い人に説明する

ときに用いる手法だということであるが，一方で，数学者の側から見ると多様体を理解するワークショップであるともいえるだろう．

さて話を戻すと，このパーティーでのスピーチにおいて，サーストンは「パリ」「ニューヨーク」と連呼しながら，件の「結び目に見立てたパイプ」の周りをぐるぐる回って見せたということである．その場に筆者はいなかったのだが，数学の専門家が聞けば「結び目のブランチング」を説明しているのだろうということは容易に想像できる．

そのことをどのように説明すればよいかと悩んでいたのだが，サーストンが同じようなパフォーマンスを行った古いビデオを YouTube に発見したので紹介しておこう "Thurston, Knots to Narnia" というビデオである（映像 [5-5]）．結び目についての数学の講義であるが，結び目を使ってナルニア（『ナルニア国物語』に登場する架空の国，日常生活から秘密の抜け道を通ってワープして辿り着くことができるとされている）へ行く方法を説明している．ビデオ全体としては branching（分岐）の pattern の違いが結び目の型の違いを表せることを説明しているのだが，こういう説明にナルニアを持ち出すあたりにサーストンのおちゃめで親しみやすい人柄が感じられる．幾何について知りたい人だけでなく，サーストンの優しい語り口を味わってみたいという人はぜひ見てみるとよいと思う．

5.5　サーストンは「数学の美しさ」をどのように考えていたか

本書はサーストンについて語り合うことがメインであるから，これら一連の出来事についてサーストン自身がどのように考えていたのかについて，文献から紹介したい．2012 年に "Math Horizons" という雑誌に「サーストンとパリコレ」についての記事 "High fashion meets higher mathematics（最新ファッションがより高度な数学と出会う）"（文献 [5-4]）が寄稿されている（サーストンの逝去に寄せて書かれたものである）．この記事は Kelly Delp 氏が執筆しており，彼女はサーストンと共同研究もあるなど，サーストンと近い位置にいた数学者の一人であるが，これはサーストンとパリコレについて語った数少ない記事である．この中でサーストン自身の言葉が "Beauty is truth, truth beauty ? that is all / ye know on earth, and all ye need to know" というタイトルの

小文で語られているのでその一部を紹介しよう（原文は英語，翻訳は筆者による）．ちなみに，このタイトルはジョン・キーツ[1]の詩「ギリシャの壺によせるオード」（1819）からの引用「美は真実　真実は美　それがすべて／汝らが知り　また知っておらねばならぬこと」（筆者による翻訳）である．

サーストン「藤原大さんは意を決して私にメールをくれて，その中で私の洞察が彼の ISSEY MIYAKE のデザインチームでの仕事にインスピレーションを与えるものであると確信していると，いっていました．我々（サーストンと藤原さん）[2]はどちらも 3 次元の中の 2 次元曲面の形をよく理解しようとしており，独立にではあるが，我々はこれらの関係性を探るために学生にオレンジを剝くように要望している（という意味で共通点がある）のです．」

　この最後の部分は，上の "Peeling the Orange" とも関わってくるが，最初に藤原さんがサーストンに会った時に，すでにオレンジの皮を剝く話で盛り上がったのではないかと想像される．さらに引用しよう．

サーストン「多くの人々は，数学とはシンプルで自己充足的であるものと考えます．しかしそれとは反対に，数学とは非常に豊かで非常に人間の問題（深い相互的接続性を観察・理解することができる技術（art））なのです．（中略）美しさへの追求を通して，我々は真実を見つけます．そして，真実を見つけるところで，我々は驚くべき美しさを発見するのです．（中略）私の心の中でいとおしく感じているこの美しい理論から影響を受けて，彼らが美しい衣服を創造する挑戦に着手したということに謙虚な気持ちで尊敬の念を感じます．」

　数学の美についてこの他にサーストンが語ったのを筆者は寡聞にして知らないが，この言葉から，サーストンは美しいものへの興味からアート的なもの，そしてアートそれ自身について強い関心と興味があったことがうかがい知れる．図 5.2 の「8 つの幾何学の図」における結び目・絡み目の選び方を見ても，その美的感覚が発揮されていると感じるのである．

　Delp 氏の記事の最後に，サーストンがファッション雑誌の "Idoménée" に寄せたコメントが引用されている（原文は英語，翻訳は筆者）．この言葉をもって

---

[1] John Keats (1795–1821 年) イギリスのロマン主義の詩人．「秋に寄せて (To Autumn)」「ギリシャの壺によせるオード (Ode on a Grecian Urn)」などの代表作がある．
[2] 括弧内は筆者による補足．

本章を締めくくることにしよう.

サーストン「もちろん, この数学理論 (＝幾何化予想)[3)] を文字どおりに描き表そうとすることは馬鹿げているかもしれず, その意味では, 不可能だし望ましくもないかもしれない. 彼らが意図したことは (数学理論の) 根底にある精神や美しさを捉えることである. 私が言えることは, 彼らの仕事が私の心に響いたということである.」

参考文献・映像

[5-1] 阿原一志,『パリコレで数学を―サーストンと挑んだポアンカレ予想』, 日本評論社 (2017)

[5-2] 文献 [5-1] の第 16 章:「宇宙の形と質感をめぐる冒険」(藤原大氏インタビュー).

[5-3] 文献 [5-1] の第 17 章: 小島定吉「William P. サーストン (1946–2012)」.

[5-4] Kelly Delp, "High Fashion Meets Higher Mathematics", Math Horizons, November 2012.

[5-5] "Thurston, Knots to Narnia - YouTube",
https://www.youtube.com/watch?v=IKSrBt2kFD4 (2020 年 8 月現在)

[3)] 括弧内は筆者による補足.

IV 部

数学の種はそこに
―サーストンが他分野を見ると―

第 6 章

2分木

小島 定吉

　自然数 n, N が $n < N$ をみたすように指定され，横に n 個のスロットが並び，そこに N 以下の自然数が重複なく左から小さい順に入れられているとする．この配列に $m \in \{1, 2, \ldots, N\}$ が入っているかどうかを探索する方法に 2 分探索がある．探索路は n を 2 分する 2 分木上を頂点から下に辿ることで表現できる．調べる対象が各回ごとに半数は減るので，探索が完了するのに必要な回数は n 個の端末をもつ 2 分木の深さに相当し，おおむね $\log_2 n$ である．n が大きいとき，しらみつぶしに調べるのに比べ効率の面で十分効果がある．

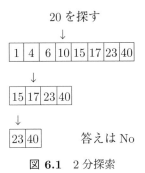

図 **6.1**　2 分探索

　探索はコンピュータ科学の基本的な概念で，2 分探索に限らず情報のデータ構造に依存する様々な探索手法の研究がある．2 分探索は，一つの効率的な探索手段であるが，場合によっては探索ルートが事前に指定されたデータ構造をもつ配列もある．一般の 2 分木は，その構造を記す典型例である．ここで 2 分木を定義しておく．2 分木はグラフ理論における木の一例で，辺で結ばれるノード（頂点）に親子関係があり，一番の長老がいて，すべての親が二人以下の子

図 **6.2**　一般の 2 分木

をもつグラフとして定義される.

　また，全 2 分木とは，すべての親が二人の子をもつ 2 分木であり本章の主役である. これを T で表す. T のノードのうち，それを端点とする辺が 2 本以上あるノードを内部ノードという. 内部ノードの個数を T のサイズとよび，n としよう. T は内部ノードが張る木に $n+1$ 個の端末辺を加えて得られるので，T のノードの個数は $2n+1$ である. 2 分探索では，親が子を二人もたないときも，少々無駄を許して，全 2 分木を配列に付加するデータ構造と見なすことができる.

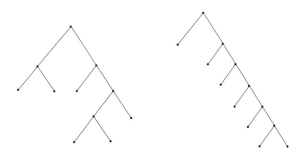

図 **6.3**　全 2 分木

　一方，指定された全 2 分木に従う探索路の深さ [1)] は，例えば図 6.3 の右の図のような最悪の場合には端末ノードの個数と一致し，しらみつぶしと差がない. そこで探索の効率を上げるため，端末ノードの横並びの順番を変えずに探索路の深さを浅くする 2 分木構造改変操作を考えたい. その一つの局所的改変ステップが，図 6.4 に記す回転とよばれる操作である. すなわち，一つの内部

[1)] 一番上の長老ノードから一番遠い端末ノードまでに通過する辺の個数.

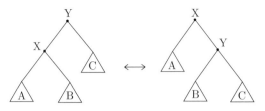

図 **6.4** 回転

辺に注目して，その端点の親子関係をひっくり返し，同時に子に従属した二つ
の孫以下世代の一方を全 2 分木であることを保つように新たに子になったノー
ドの下に滑らせる操作である．

　回転は探索の効率を上げることを目的としたデータ構造を改変する可逆な操
作であるが，定義そのものは，効率等を排して純粋に数学的にできる．そこで
余計なことは言わず状況をグラフ理論の立場から見直してみる．サイズ n の全
2 分木は，$n+1$ チームあるいは個人が参戦するトーナメントの組み方と同一視
することができる．

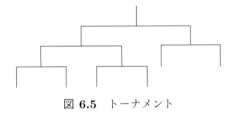

図 **6.5** トーナメント

　その組合せの総数はカタラン数

$$N = \frac{1}{2n+1}\binom{2n+1}{n+1}$$

である．この N 個のメンバーを頂点として，回転で移り合うメンバーを辺で
結ぶとグラフ R_n ができる．例えば n が 1, 2, 3, 4 の場合は R_n は図 6.6 で与
えられる．

　そこで R_n の直径はいくつかという問いを考える．すなわち，あるトーナメ
ント表から別のトーナメント表に移るために必要な回転の回数の最小値の，す
べての全 2 分木の対に対する最大値を求めるという Min-Max 問題である．

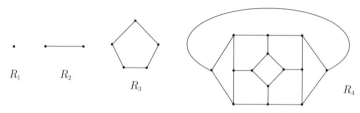

図 **6.6**　R_1, R_2, R_3, R_4

　コンピュータ科学のそもそもの動機は，効率を重視したデータ構造を作るための前処理に必要な時間を見積もることであり，ここに時間がかかっては本末転倒である．しかし初等的な議論で $n \geq 11$ のとき R_n の直径は $2n-6$ 以下であることが構成的（アルゴリズミック）に証明でき，計算量は線形に収まり一段落のはずであった．ところが，むしろこの評価がシャープかという純数学的な興味が優っていたらしい．これに対し，スレイター（Daniel Sleator）・タージャン（Robert Tarjan）・サーストンは n が十分大きいとき，この Min-Max 問題の解は実際 $2n-6$ であることを 1988 年に論文 [6-1] に発表した．タージャンはサーストンがフィールズ賞を受賞した ICM82 で，同時に第 1 回のネヴァンリンナ賞[2] を受賞している．同氏の受賞が契機かどうかはわからないが，その後の同賞は理論コンピュータ科学の中でも計算量分野への授賞が多く，賞の性格にそれなりの影響を与えたようだ．蛇足であるが，ネヴァンリンナ賞は 2018 年を最後に名称を変えて同趣旨で継続されることが 2018 年に開催された国際数学者連合で承認されている．

　ネヴァンリンナ賞受賞者とフィールズ賞受賞者の共同研究は，筆者の知る限り他に例を見ない．サーストンは若い時にコンピュータが提供され，いろいろなことを試したと言っていた．マーデンは，サーストンはプログラマーとしても超一流だと称していた．コンピュータのない時代のオイラーやガウスの試行計算に相当する紙上の実験を，サーストンはコンピュータを用いて日常的に実行していた．

　話を戻して，内部ノードの個数 n を指定した全 2 分木の集合を回転を用いて

---

[2] 1981 年に国際数学連合（ICM）が設けた賞で，計算機科学における優れた貢献をした 40 歳以下の研究者に贈られる．1980 年に死去したフィンランドの数学者 Rolf Nevanlinna に因んで名付けられた．

グラフ R_n で表し，R_n の直径を求めるという課題をもう少し噛み砕いてみる．
まず，この課題を平面上の多角形の対角線による 3 角形分割に関する問題に置
き換える．$n+2$ 角形 Δ_n を用意し，一つの辺を特別視し最上辺に置く．残り
の $n+1$ 個の辺を端末ノードと同一視し，Δ_n に対角線による 3 角形分割を与
える．このとき，分割に現れる 3 角形を頂点とし，辺を共有する二つの 3 角形
に対応する頂点を辺で結べば，特別視した辺を含む 3 角形を長老とする全 2 分
木が得られ，トーナメントの対戦相手が確定する．逆に，$n+1$ チームのトー
ナメント表が与えられれば，対戦の勝者同士の組合せを用いて Δ_n の 3 角形分
割が確定する．

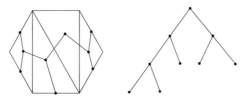

図 **6.7**　多角形の 3 角形分割と全 2 分木

　こうしてサイズが n の全 2 分木は $n+2$ 角形の 3 角形分割に一対一に対応
する．回転で結ばれる全 2 分木は，3 角形分割における一つの辺を共有する二
つの 3 角形からなる 4 角形の対角線の入れ方の違いとして解釈できる．そこで
3 角形分割に対するこの改変操作を対角線フリップとよぶ（図 6.8）．

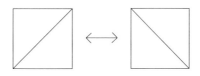

図 **6.8**　対角線フリップ

　R_n の直径を求めるという問題は，$n+2$ 角形の二つの 3 角形分割の一方か
ら他方へ移るために必要な対角線フリップの回数の最小値の，初期値として与
える二つの 3 角形分割に関する最大値を求めるという，まったく組合せ論的な
Min-Max 問題に帰着される．ここまではおそらく専門家は認識していたと思
われる．しかしこの再定式化だけでは，言葉の置き換えの域を超えていない．

　サーストンは対角線フリップに 3 次元的な解釈を与えた．すなわち，4 角形の対角線の入れ方の違いを，4 面体上の 4 辺形を 4 角形と思い，4 辺形で囲われる二つの 3 角形の和を表側から裏側へ移すプロセスとして 3 次元化した（図 6.9）．その根拠は，必要な回転の回数を幾何的な量で下から評価するためである．

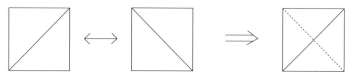

図 **6.9**　対角線フリップから 4 面体

　課題を定式化するため，もう少し状況を明確にしておく．設定として，$n+2$ 角形の二つの 3 角形分割が与えられる．簡単のため，二つの分割の間には共通の対角線はないとしておく．そしてこの状況を，$n+2$ 個の頂点，$3n$ 個の辺，$2n$ 個の 3 角形からなる面をもつ凸多面体 P が与えられたと考え，P の内側を 4 面体で分割するのに必要な 4 面体の個数の最小値を求めるという問題に置き換える．問題自身は各 n については有限の可能性しかないが，結構複雑である．例えば $n=3$ のとき，図 6.10 においては，二つの 4 面体 ABCD，ABDE による分割と，三つの 4 面体 ABCE，ACDE，BCDE による分割がある．

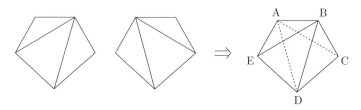

図 **6.10**　$n=3$ のときの分割

　サーストンは，特に n が増大したとき 4 面体による分割に必要な個数を下から評価するのに双曲幾何学が有効と考えた．その根拠は，少し長くなるが以下のとおりである．

　3 次元双曲幾何の射影モデル $\mathbf{P} \subset \mathbb{R}^3 \subset \mathbb{RP}^3$ を思い出す[3]．射影モデルで

3) 第 3 章を参照．

は，幾何的な対象はユークリッド幾何での対象を **P** に制限すればよい．例えば双曲凸多面体は **P** ではユークリッド凸多面体を **P** へ制限したものである．そこで P を **P** の理想多面体で実現して，その体積で P の複雑度を測るというのがアイデアである．P の分割に現れる理想 4 面体 Δ の体積を計算するには，射影モデルより上半空間モデル **H** が都合がよい．すでに記したとおり，理想 4 面体の一つの頂点を ∞ に置くと，残りの三つの頂点が $\partial\mathbf{H} = \mathbb{C}$ に置かれ，その 3 点を頂点とするユークリッド 3 角形を底とする 3 角柱から 3 頂点を通り $\mathbb{C}$ に直交する半球を取り除いた部分として実現される．図 6.11 は図 3.25 の再掲である．

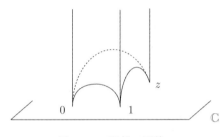

図 **6.11**　理想 4 面体

Δ の形は $\mathbb{C}$ 上の 3 角形で決まり，角度を α, β, γ とすると $\alpha + \beta + \gamma = \pi$ で，Δ の体積は，ロバチェフスキー関数

$$L(\theta) = \int_0^\theta \log|2\sin t|\, dt$$

により

$$\mathrm{Vol}\,\Delta = L(\alpha) + L(\beta) + L(\gamma)$$

で表される．ロバチェフスキー関数の性質から体積が最大となるのは $\alpha = \beta = \gamma = \pi/3$ の理想正 4 面体のときで，その値を v_3 とおくと $v_3 = 1.0149416...$ である．

射影モデルの境界 $\partial\mathbf{P}$ である球面上に P の頂点を一般の位置に置き，辺を **P** 内部を通る直線で結ぶ．頂点が一般の位置にあることから P は球に内接し，理想双曲多面体だと思える．このとき v_3 は理想双曲 4 面体の体積の最大値で

あることから，P の双曲体積を $\mathrm{vol}\,P$ で表せば，

$$\frac{\mathrm{vol}\,P}{v_3}$$

は P の 4 面体分割に必要な 4 面体の個数の最小値を下から評価する．したがっ
て有効な評価を得るには，頂点数 $n+2$ に従う組合せ構造をもった理想多面体
P の頂点の位置を $\mathrm{vol}\,P$ ができるだけ大きくなるように選べという，まったく
双曲幾何の問題に置き換えられる．この置き換えがサーストンの貢献である．

　頂点数が指定されたときの体積の最大化は，種々の試行錯誤があったよう
で，論文 [6-1] の後半のかなりの部分を占める．スレイター・タージャン・サー
ストンは正 20 面体の 3 角形による分割を細分することで，漸近的に頂点の分
布が一様に近くなる点分布を具体的に構成し（図 6.12），回転距離の最大値が
$2n - \mathrm{O}(\log n)$ という下からの評価を得た．この誤差項を $\mathrm{O}(1)$ に収め，さら
に 6 に特定するためにはさらなる議論が必要だが，それは原著に委ねたい．結
果を認めてしまえば理解は難しくないが，結果に至るには試行錯誤が必要だっ
たことが記されており，数学とコンピュータ科学の論文の書き方の文化の違い
を感じる[4]．しかしサーストンは，まったくお構いなしである．

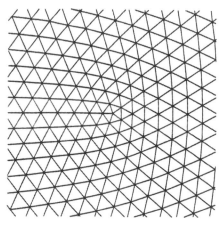

図 **6.12**　$\partial\mathbf{P}$ の 3 角形分割　（論文 [6-1] より）

---

[4] コンピュータ科学では，実験過程の詳細を論文中に記すのが常だが，数学は必ずしもそうでは
ない．

　この結果は，コンピュータ科学からの動機はともかく，数学的には R_n の直径が斬新なアイデアで $2n - 6$ に確定したという面でやはり見事な記念碑である．アメリカ数学会が最高峰を目指しジャーナル（Journal）と名付けて 1988 年に創刊した権威ある雑誌の第 1 号に招待されたのも，誰もがうなずける．

参考文献

[6-1] D. Sleator, R. Tarjan and W. Thurston, Rotation distance, triangulations, and hyperbolic geometry, J. Amer. Math. Soc., **1** (1988), 647–681.

第7章

ロジー・サーストンの数系

秋山 茂樹

7.1 数系

数とは一対一対応から対象の属性を捨てた（捨象した）概念である．しかし，一対一対応だけに頼ると文字が無数に必要となってしまう．原始的な社会では使う数が少ないのでこれでもよいが，多くの数を記録し比較するためには，もう少しスマートな方法が要求される．いくつかの集まりを一組と数え，いくつかの組の集まりを一束と数える．このような人間社会の営為は位取り記数法という画期的な表示法を作り出した．すなわち $\{0,1,2,3,4,5,6,7,8,9\}$ のように有限個の文字を用いて，いかなる自然数も短く表示される．これは自然数の積と和をうまく用いた素晴らしいアイデアである．ここで $x = 253$ 個のものの集まりを数えることにする．

$$253 = 2 \times 10^2 + 5 \times 10 + 3 \tag{7.1}$$

という表示は，どのように得ることができるだろうか．10 進法表記を求めるとき私たちは暗黙に二つの異なるアルゴリズムを想起している．第一の方法は強欲算法である．

1. $1, 10, 100, 1000, \ldots$ という束を考え，引くことができる最大の 10 の冪を求める．この場合には 10^2 である．
2. $x - 10^2$ を新たに x と思う．これを $x \xrightarrow{10^2} x - 10^2$ と書く．
3. この操作を繰り返す．

すると

$$253 \xrightarrow{10^2} 153 \xrightarrow{10^2} 53 \xrightarrow{10} 43 \xrightarrow{10} 33 \xrightarrow{10} 23 \xrightarrow{10} 13 \xrightarrow{10} 3 \xrightarrow{1} 2 \xrightarrow{1} 1 \xrightarrow{1} 0$$

のように計算が進んで 0 に到達する．この過程を略記したものが (7.1) である．
この場合 2, 5, 3 という数は上から順に決まっていく．もう一つのアルゴリズムは剰余算法である．

1. x を 10 で割った剰余を求める．この場合 3 である．

2. $x \xrightarrow{3} (x-3)/10$

3. これを繰り返す．

すると

$$253 \xrightarrow{3} 25 \xrightarrow{5} 2 \xrightarrow{2} 0$$

となり，矢印のラベルだけ見れば (7.1) が求められる．この方法も 10 進法の
特性をうまく利用しているが，得られる数字は 3, 5, 2 のように逆順で決まっていく．

「数系」とは 10 進法の一般化であって，数を有限の数字の集まり（この場合
$\{0, 1, 2, 3, 4, 5, 6, 7, 8, 9\}$）と与えられた底 α（この場合 $\alpha = 10$) により冪級数
の形で表す方法のこととする．本章では上に述べた剰余算法と強欲算法が，フ
ラクタルによるタイル張りと密接に関連しており，数論，計算機科学，力学系，
エルゴード理論，フラクタル幾何学，準周期秩序の数学などの様々な数学の交
差点に表れる面白い研究対象であることを紹介する．

7.2 標準数系

10 進法は画期的なものであるが，多少問題もある．例えば負の数を表すには
新たにマイナスの記号を導入しなければならない．また整数概念を 2 次元に広
げガウス整数

$$\mathbb{Z}[\sqrt{-1}] = \{a + b\sqrt{-1} \mid a, b \text{ は整数}\}$$

とした [1] とき，どうやって数えたらよいだろう．ガウス整数の全体も積と和で
閉じているし，離散的なものなのでこれをうまく表示したいというのは自然な
発想ではなかろうか．

ハンガリーの数学者カタイ（Imre Kátai）はこのような発想を持った一人で，

---

[1] $R[\beta]$ は R と β を含む最小の環の記号である．

つぎのように数系を考えた．

- ある α というガウス整数があり α による $\mathbb{Z}[\sqrt{-1}]$ の剰余の全体の集合が $\{0, 1, \ldots, k\}$ の形で与えられる．
- $\mathbb{Z}[\sqrt{-1}]$ のすべての元は $\sum_{i=0}^{\ell} a_i \alpha^i$ と一通りに表示される．a_i は $\{0, 1, \ldots, k\}$ の元である．

この二つがみたされるとき標準数系とよんだのである（文献 [7-16, 7-18]）．ハンガリーは数学の盛んな国で筆者の共同研究者が多いのだが，日本とはだいぶ違う発想を感じることもある．標準数系という名前には違和感があり私には何が「標準」なのかちっともわからない．いずれにせよ，この場合に標準数系となるのは

$$\alpha = -m + \sqrt{-1} \quad (m = 1, 2, \ldots), \quad k = m^2$$

の形の場合で，その場合に限ることがわかる．例として $m = 1$ の場合を考えてみよう．簡単な計算で $a + b\sqrt{-1}$ が $\alpha = -1 + \sqrt{-1}$ で割り切れる（つまり $(a + b\sqrt{-1})/\alpha$ が $\mathbb{Z}[\sqrt{-1}]$ に入る）のは $a \equiv b \pmod{2}$ のときである．$x = 2 + 11\sqrt{-1}$ のとき剰余数系のアルゴリズムで

$$x \xrightarrow{1} 5 - 6\sqrt{-1} \xrightarrow{1} -5 + \sqrt{-1} \xrightarrow{0} 3 + 2\sqrt{-1} \xrightarrow{1} -2\sqrt{-1} \xrightarrow{0} -1 + \sqrt{-1} \xrightarrow{0} 1 \xrightarrow{1} 0$$

なので

$$x = \alpha^6 + \alpha^3 + \alpha + 1 = (1001011)_\alpha$$

と表せる．このように任意の $\mathbb{Z}[\sqrt{-1}]$ の元はこのような $0, 1$ だけを用いる α 進表示をもつのである．代数的整数とは

$$x^d + a_{d-1}x^{d-1} + \cdots + a_0 \quad (a_i は整数)$$

という方程式の根 β のことである．例えば $-1 + \sqrt{-1}$ は $x^2 + 2x + 2$ の根である．このとき

$$\mathbb{Z}[\beta] = \left\{ \sum_{i=0}^{d-1} c_i \beta^i \ \middle| \ c_i \in \mathbb{Z} \right\}$$

は足し算，引き算，掛け算で閉じており複素数全体 $\mathbb{C}$ の部分環となるので，

$\mathbb{Z}[\sqrt{-1}] = \mathbb{Z}[\alpha]$ の代わりに $\mathbb{Z}[\beta]$ で同様に標準数系を考えることもできる（文献 [7-17, 7-20, 7-24]）．このときは剰余の集合 $\{0, 1, 2, \ldots, |a_0| - 1\}$ をとる．任意の β で標準数系になるわけではない．$\beta = 1 + \sqrt{-1}$ は $x^2 - 2x + 2$ の根であるが，$\mathbb{Z}[\beta]$ を剰余 $\{0, 1\}$ で考えても標準数系にならない．実際 $\sqrt{-1}$ を考えると

$$\sqrt{-1} \to (\sqrt{-1} - 1)/\beta = \sqrt{-1}$$

なので，何回割り算操作を行っても 0 にならない．どのような代数的整数について α と剰余の集合 $\{0, 1, \ldots, |a_0| - 1\}$ によって標準数系ができるのかは面白い問題で，様々な研究がある（文献 [7-4–6]）．

7.3　小数部分とタイリング

　数系は整数の表示を与えるが，表示できる数は離散的である．これを連続的なものの表示にまで広げるのが自然である．実数もまた人類社会の発展と並行して進んだ数概念である．このとき重要なのは小数という考え方である．これを剰余数系で行ってみよう．整数は

$$a_\ell \alpha^\ell + a_{\ell-1} \alpha^{\ell-1} + \cdots + a_1 \alpha + a_0 \quad (\alpha \in \mathbb{Z}, a_i \in \{0, 1, \ldots, k\})$$

と表せるが 10 進法に倣ってこれを $a_\ell a_{\ell-1} \ldots a_0$ と書こう．自然に

$$a_\ell \alpha^\ell + \cdots + a_1 \alpha + a_0 + \frac{a_{-1}}{\alpha} + \frac{a_{-2}}{\alpha^2} + \ldots$$

と広げたくなる．これを $a_\ell a_{\ell-1} \ldots a_0 \bullet a_{-1} a_{-2} \ldots$ と書くのが自然だ．ここで $\bullet$ は小数点である．このとき小数部分の全体

$$F := \left\{ \sum_{i=1}^\infty \frac{a_{-i}}{\alpha^i} \;\middle|\; a_{-i} \in \{0, 1, \ldots, k\} \right\}$$

が何者か考えてみよう．まず 10 進法では

$$F = \{ \bullet a_{-1} a_{-2} \ldots \mid a_{-i} \in \{0, 1, \ldots, 9\} \} = [0, 1]$$

である．F は

$$10F = \bigcup_{i=0}^{9}(F+i) \tag{7.2}$$

すなわち

$$[0,10] = [0,1] \cup [1,2] \cup \cdots \cup [9,10]$$

をみたす．式 (7.2) はつぎのように見ることもできる．

$$\bullet a_{-1}a_{-2}a_{-3}\cdots \times 10 = a_{-1}\bullet a_{-2}a_{-3}\ldots \tag{7.3}$$

であるので $a_{-1} \in \{0,1,\ldots,9\}$ により $10F$ は分類されるのである．なお，しばしば小数表示に一意性を確保するため，途中から $999\ldots$ と 9 が連続するような表現を禁止することがある．その場合には右辺は半開区間 $[0,1)$ を扱うことになるので (7.2) は $[0,10)$ の $[0,1)$ の平行移動による互いに素な和 (disjoint union) になる．

10 倍を繰り返すと

$$[0,\infty) = \bigcup_{j \in \mathbb{N}} [0,1] + j$$

という正の実軸の $[0,1]$ とその $\mathbb{N}$ による平行移動によるタイル張りが得られることになる．

つぎに，$\alpha = -1 + \sqrt{-1}$ でまったく同じことをやってみよう．

$$F := \left\{ \sum_{i=1}^{\infty} a_{-i}\alpha^{-i} \ \middle| \ a_{-i} \in \{0,1\} \right\}$$

は複素数の集合であるが，どんな集合なのかすぐにはわからない．ただ α の絶対値が 1 より大なので和が収束すること，および閉集合であることは容易に示される．つまりこの集合はコンパクトである．10 進法での説明 (7.3) は同じように成り立つので，F は

$$\alpha F = F \cup (F+1) \tag{7.4}$$

をみたす．ここでハッチンソン（John Hutchinson）による重要な結果を引用しよう：

完備距離空間の任意の縮小写像 ϕ_k $(k = 1, \ldots, m)$ の組について

$$Y = \bigcup_{k=1}^{m} \phi_k(Y)$$

をみたす非空なコンパクト集合が存在し，ただ一つである (文献 [7-13]).

$\phi_k(x) = (x + k)/\alpha$ とおけば

$$Y = \phi_0(Y) \cup \phi_1(Y)$$

はただ一つ存在するので $Y = F$ である．任意の非空なコンパクト集合 Y_0 から始め

$$Y_{n+1} = \frac{1}{\alpha} Y_n \cup \frac{1}{\alpha}(Y_n + 1)$$

により Y_n を定めると Y_n は F にハウスドルフ距離で収束する．$Y_0 = \{0\}$ としてみると

$$Y_n = \left\{ \sum_{i=1}^{n} a_{-i}\alpha^{-i} \ \middle| \ a_{-i} \in \{0, 1\} \right\}$$

である．

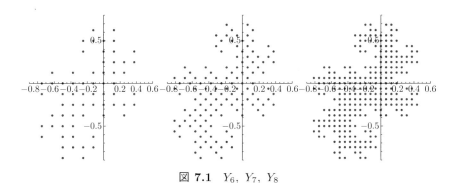

図 **7.1** Y_6, Y_7, Y_8

このフラクタル集合 F は双頭龍 (Twin Dragon) とよばれている．2 回 (7.4) を用いると，

$$\alpha^2 F = F \cup (F + 1) \cup (F + \alpha) \cup (F + \alpha + 1).$$

これを繰り返すと

$$\alpha^n F = \bigcup_{a_i \in \{0,1\}} \left(F + \sum_{i=0}^{n-1} a_i \alpha^i \right) \tag{7.5}$$

がわかる．ここで $\left\{ \sum_{i=0}^{n-1} a_i \alpha^i \mid a_i \in \{0,1\} \right\}$ はこの標準数系で長さが n まで
の数の集まりである．よって

$$X := \bigcup_{n=0}^{\infty} \alpha^n F = \{ x + y \mid x \in F,\ y \in \mathbb{Z}[\sqrt{-1}] \} = \bigcup_{y \in \mathbb{Z}[\sqrt{-1}]} (F + y)$$

が得られる．X は両側無限語 $\ldots a_n a_{n-1} \ldots a_1 a_0 {}_\bullet a_{-1} a_{-2} \ldots$ の全体[2]を複
素数全体 $\mathbb{C}$ の中に幾何学的に実現したものである．F は閉集合で，X は F の
平行移動の局所有限な union であるので閉集合である．$\mathbb{Z}[\sqrt{-1}]$ は $\mathbb{C}$ の格子
であり，X は任意の $n \in \mathbb{Z}$ に対して $\alpha^{-n} \mathbb{Z}[\sqrt{-1}]$ を含むので，X は $\mathbb{C}$ で稠
密となる．それゆえ $X = \mathbb{C}$ でなければならない．すると再び局所有限性によ
り原点 0 が $\bigcup_{a \in J} (F + a)$ の内点となるような $\mathbb{Z}[\sqrt{-1}]$ の有限部分集合 J が
存在する．ここで (7.5) を考えると，ある自然数 n があって原点 0 は $\alpha^n F$ の
内点である．したがって 0 は F の内点であることがわかった．特に μ を 2 次
元ルベーグ測度とすれば $\mu(F) > 0$ である．$|\alpha| = \sqrt{2}$ なので $\mu(\alpha F) = 2\mu(F)$
が成り立つから

$$\mu(F \cap (F + 1)) = 0$$

となる．これを繰り返すと

$$\mathbb{C} = \bigcup_{y \in \mathbb{Z}[\sqrt{-1}]} (F + y)$$

において $\mu((F + x) \cap (F + y)) = 0$ が任意の異なる $x, y \in \mathbb{Z}[\sqrt{-1}]$ で成立す
る．つまり $\mathbb{C}$ は F とその $\mathbb{Z}[\sqrt{-1}]$ による平行移動によりタイル張りされてい
るのである（文献 [7-16], [7-19, 206p, Fig.1]）．

7.4　タイル張りの定義

　これまでタイル張りという言葉を直感的に用いてきたが，以下に定義を与え

---

[2] 正確には，ある n_0 があって $n \geq n_0$ のとき $a_n = 0$ が成り立つものに限る．

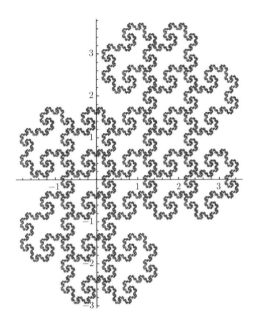

図 **7.2**　双頭龍のタイル張り

る．空間はユークリッド空間 $\mathbb{R}^d$ とし，必要に応じて複素平面 $\mathbb{C}$ を $\mathbb{R}^2$ と同一視する．$A \in \mathbb{R}^d$ について $\mathrm{Inn}(A)$ を A の内部，$\overline{A}$ を A の閉包とする．空でない集合 A が前タイルとは $A = \overline{\mathrm{Inn}(A)}$ をみたすこととする．特に前タイルには内点が存在する．タイルとは，前タイル A_i と文字 i の組 $T_i = (A_i, i)$ のこととする．本章では，**タイルは平行移動を除いて有限個しか存在しない**と仮定し，異なるタイルが m 個あるとして，色としては $\{1, 2, \dots, m\}$ の元を用いる．つまりタイルとは，前タイルに m 色の異なる色が塗られているものであると考えればよい．このように組を考えることで，タイルが形で区別できない場合も取り扱うことができる．この必要のない場合には，色を略して T_i と A_i を同一視することもある．$T_i = (A_i, i)$ に対して，$\mathrm{supp}(T_i) = A_i$ と書いて T_i の台とよび，$\ell(T_i) = i$ を T_i の色という．$x \in \mathbb{R}^d$ に対して $T_i + x = (A_i, i) + x = (A_i + x, i)$ で平行移動を定める．$J_i \ (i = 1, \dots, m)$ という $\mathbb{R}^d$ の部分集合があって

$$\mathbb{R}^d = \bigcup_{i=1}^{m} \bigcup_{x \in J_i} (\mathrm{supp}(T_i) + x)$$

および $x \in J_i, y \in J_j$ について $\mu_d(\mathrm{supp}(T_i + x) \cap \mathrm{supp}(T_j + y)) > 0$ なら ば $i = j, x = y$ が成り立つときに $\mathcal{T} = \bigcup_{i=1}^{m} \{T_i + x \mid x \in J_i\}$ を $\mathbb{R}^d$ のタイ ル張りという．ここで μ_d は $\mathbb{R}^d$ のルベーグ測度である．$\mathcal{T}$ の空でない有限部 分集合 P をパッチという．$\mathrm{supp}(P) = \bigcup_{T \in P} \mathrm{supp}(T)$ としパッチ P の半径 $\mathrm{diam}(P)$ を $\mathrm{supp}(P)$ の半径[3)]で定義する．$P + x = \{T + x \mid T \in P\}$ をパッ チのベクトル x による平行移動とする．

　タイル張り $\mathcal{T}$ が**有限局所複雑度**（Finite Local Complexity 以下 FLC）を もつとは，任意の実数 r に対し半径 r 以下のパッチは平行移動を除いて有限個 しかないこととする．例として正方形タイル $T = [0,1] \times [0,1]$ とし

$$\{T + i + j\sqrt{2} + j\sqrt{-1} \mid i, j \in \mathbb{Z}\}$$

を考えると $\mathbb{C}$ のタイル張りであるが FLC をみたさない．

　また $\mathcal{T}$ が**反復的**（repetitive）とは，任意のパッチ P に対して実数 $R > 0$ があって，任意の $x \in \mathbb{R}^d$ について中心 x 半径 R の球 $B(x, R)$ の中に P の 平行移動が含まれることとする．

　あるベクトル $x \in \mathbb{R}^d$ について $\mathcal{T} + x = \mathcal{T}$ が成り立つとき，x を $\mathcal{T}$ の**周期** という．$\mathcal{T}$ の周期が 0 のみのとき $\mathcal{T}$ は**非周期的**という．

　前節の双頭龍 F によるタイル張りは $\mathbb{Z}[\sqrt{-1}]$ の周期をもつ $\mathbb{C}$ のタイル張り であり，そのため明らかに FLC かつ反復的である．

　以下興味の対象は FLC，反復的かつ非周期的なタイル張りである．その中で も，自己相似性をもつタイル張りは，見た目もたいへん美しく記述のために必 要なデータが少ない面白いクラスである．

7.5　記号力学系と置換規則力学系

　ここで本章でたいへん重要な記号力学系を導入する．$\mathcal{A} = \{1, 2, \ldots, m\}$ を 文字集合とし，$\mathcal{A}^*$ を $\mathcal{A}$ の文字列の集合に連結で二項演算を定義した半群と する．$\mathcal{A}^*$ は空語 λ を含むとすればモノイドとなる．$\mathcal{A}^{\mathbb{N}}$ を $\mathcal{A}$ の右無限語 $(a_i)_{i \in \mathbb{N}} = a_1 a_2 \ldots \ (a_i \in \mathcal{A})$ の全体とし，$\mathcal{A}^{\mathbb{Z}}$ を $\mathcal{A}$ の両側無限語 $(a_i)_{i \in \mathbb{Z}}$ の集 合とする．$\mathcal{A}^{\mathbb{N}}$ および $\mathcal{A}^{\mathbb{Z}}$ に $\{i \in \mathbb{Z} \mid a_i \neq b_i\}$ の絶対値最小の元 j に対して

[3)] 有界集合 A の半径は $\sup_{x,y \in A} \|x - y\|$ で定義する．

$$d((a_i), (b_i)) = 2^{-|j|}$$

と定めると距離空間となり，どちらもコンパクトであることが容易に確かめられる．シフト s という写像を $s((a_i)) = (a_{i+1})$ で定めると連続写像であることが確かめられる．$(\mathcal{A}^{\mathbb{N}}, s)$ を**片側フルシフト**，$(\mathcal{A}^{\mathbb{Z}}, s)$ を**両側フルシフト**という．$\mathcal{A}^{\mathbb{N}}$ または $\mathcal{A}^{\mathbb{Z}}$ の閉部分集合 X で，$s(X) = X$ をみたすものを**サブシフト**とよぶ．$\mathcal{A}^*$ の部分集合 F を固定したとき X_F を F の元が部分語として現れない両側無限語の全体の集合とすると，サブシフトとなる．逆にサブシフトはすべてこの形で書ける．特に F が有限集合ととれる場合には X_F を**有限型サブシフト**という．また F が正規言語，すなわち有限オートマトン [4] で認識される場合 X_F を **sofic** シフトという．sofic なサブシフト X_F は，ラベル付き有限有向グラフの無限路のラベルの全体の集合となる．有限型サブシフトは sofic だが，逆は成り立たない．この二つのサブシフトは記号力学系の中でもっとも基本的で重要な役割を果たす（文献 [7-22]）．

$\mathcal{A}^+$ を $\mathcal{A}^*$ から空語を除いたものとする．写像 $\sigma : \mathcal{A} \to \mathcal{A}^+$ に準同型性を仮定することで定義域は $\mathcal{A}^*$ に拡張される．これを**置換規則** (substitution) という．σ の作用は $\mathcal{A}^{\mathbb{N}}$，$\mathcal{A}^{\mathbb{Z}}$ に自然に延長される．$x \in \mathcal{A}^*$ の長さを $|x|$ と書き，$|x|_i$ を x に表れる文字 $i \in \mathcal{A}$ の個数とする．以下，ある $a \in \mathcal{A}$ があって $\lim_{n \to \infty} |\sigma^n(a)| = \infty$ が成り立つと仮定する．$\mathcal{A}^*$ の元 x が **admissible** とは，ある自然数 n と $i \in \mathcal{A}$ があって x が $\sigma^n(i)$ の部分語であることとする．$\mathcal{A}^{\mathbb{N}}$（または $\mathcal{A}^{\mathbb{Z}}$）の元であって，その部分語がすべて admissible なものの集まりはサブシフトであり，これを**置換規則力学系** (Y_σ, s)（両側の場合 (X_σ, s) の記号で書く）という．行列 $(|\sigma(j)|_i)$ $(i \in \mathcal{A}, j \in \mathcal{A})$ のことを **置換規則行列** (substitution matrix) とよび M_σ と書く．M_σ が原始的，つまりある自然数 n があって M_σ^n が正行列（すべての要素が正）となるとき σ を**原始的**という．σ が原始的なとき (X_σ, s) は最小（すべての s 軌道が稠密）で唯一エルゴード的（s 不変測度がただ一つ）となることが知られており，様々な力学系の自己相似性を記述する簡単なモデルとして昔から研究されてきた（文献 [7-14, 7-25]）．

---

[4] 有向グラフの各辺に文字を与え，始点と終点の頂点を定めたもの．始点から終点まで歩いたとき現れる文字列の全体の集合がこの機械で認識される．

置換規則力学系と sofic シフトはかなり異なる力学系で，通常，置換規則力学系は sofic シフトよりも「小さく硬い[5)]」ものとなる．sofic な置換規則力学系は可算集合になってしまうので興味ある研究対象にならない．

例として $\mathcal{A} = \{a, b, c\}$ とし σ_R を

$$a \to ab, \ b \to ac, \ c \to a$$

で定めよう．これを**ロジー置換規則**という．すると

$$M_{\sigma_R} = \begin{pmatrix} 1 & 1 & 1 \\ 1 & 0 & 0 \\ 0 & 1 & 0 \end{pmatrix}, \qquad M_{\sigma_R}^3 = \begin{pmatrix} 4 & 3 & 2 \\ 2 & 2 & 1 \\ 1 & 1 & 1 \end{pmatrix}$$

となり σ_R は原始的である．このとき

$$\begin{aligned} \sigma_R(a) &= ab \\ \sigma_R^2(a) &= abac \\ \sigma_R^3(a) &= abacaba \\ \sigma_R^4(a) &= abacabaabacab \end{aligned}$$

と延びていき $w = \lim_{n \to \infty} \sigma_R^n(a) = abacabaabacababacabaabac\ldots \in \mathcal{A}^{\mathbb{N}}$ は $\sigma_R(w) = w$ をみたす．これを σ_R の**固定点**という．$Y_{\sigma_R} \subset \mathcal{A}^{\mathbb{N}}$ は

$$Y_{\sigma_R} = \overline{\{s^n(w) \mid n \in \mathbb{N}\}}$$

と記述することもできる．また $\sigma_R^3(a)$ は a で終わるので，

$$\begin{aligned} \sigma_R^3(a) &= abacaba \\ \sigma_R^6(a) &= abacabaabacababacabaabacabacabaabacababacaba \end{aligned}$$

を左に順に延ばしていくと左無限語

$$u = \ldots abacaba$$

も定義され $\sigma_R^3(u) = u$ をみたす．$\sigma_R^3(u_\bullet w) = u_\bullet w$ であり，この両側無限語 $u_\bullet w$ を用いて

$$X_{\sigma_R} = \overline{\{s^n(u_\bullet w) \mid n \in \mathbb{Z}\}}$$

となる．ここで $\bullet$ はこの場合も小数点であり，両側無限語の原点の位置を表すために便宜的に用いた記号である．

7.6　置換規則力学系の懸垂：自己相似タイリング

原始的な σ による置換規則力学系 (Y_σ, s) の元について，M_σ の 1 より大きい固有値 β は唯一であり，対応する左固有ベクトルの各項を対応する文字の長さと考えると Q を 1×1 行列 (β) としたタイル張りが生じる．ロジー置換規則 σ_R を用いて説明しよう．

$$(1, \beta - 1, 1/\beta) \begin{pmatrix} 1 & 1 & 1 \\ 1 & 0 & 0 \\ 0 & 1 & 0 \end{pmatrix} = \beta(1, \beta - 1, 1/\beta)$$

であるので文字 a に長さ 1，b に長さ $\beta - 1$，c に長さ $1/\beta$ の区間を対応させ，これらの区間で $\mathbb{R}$ をタイル張りする．$A = [0,1]$, $B = [0, \beta - 1]$, $C = [0, 1/\beta]$ とおくと

$$\begin{aligned} \beta A &= A \cup (B + 1) \\ \beta B &= A \cup (C + 1) \\ \beta C &= A \end{aligned} \tag{7.6}$$

となるので，この区間 A, B, C をタイルとして $[0, \infty)$ を片側無限語 w の順に従ってタイル張りするのである．つまり

$$_\bullet ABACABAABACAB \ldots$$

というタイル張りができる．これは明らかに FLC をみたし，M_{σ_R} が原始的なので反復的である．さらに，このタイル張りは (7.6) の示す自己相似性をもつ．すなわち図 7.3 のようにタイル張りの A, B, C をそれぞれ β 倍した大きいタイル AB, AC, A によるタイル張りと見なすことができる．

(X_{σ_R}, s) についても両側無限語 $u_\bullet w$ で同じことをすれば，$\mathbb{R}$ の自己相似タ

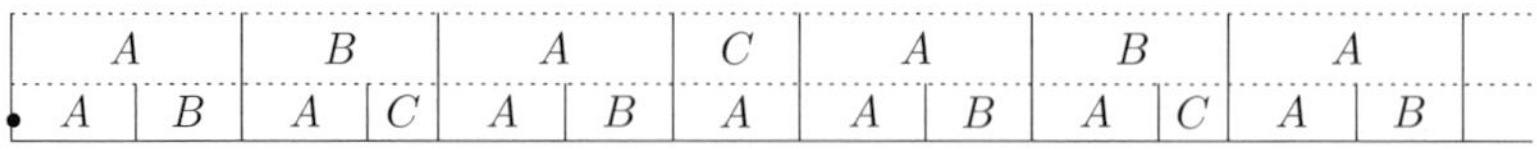

A	B	A	C	A	B	A	

A	B	A	C	A	B	A	B	A	C	A	B

図 7.3　1 次元自己相似タイル張り

イル張りとなるが，自己相似性は σ_R でなく σ_R^3 で記述されるので (7.6) を 3 回繰り返したもので不変となる．もっとも (X_{σ_R}, s) と $(X_{\sigma_R^3}, s)$ は力学系としては同一である．

　この例を参考にタイル張りが自己相似性（自己アフィン性）を有することを定義しよう．Q を $d \times d$ の行列とする．Q のすべての固有値の絶対値が 1 より大きいとき拡大的という．拡大的な Q と D_{ij} $(i, j = 1, \ldots, m)$ という m^2 個の有限集合（空集合も可）があって T_i $(i = 1, \ldots, m)$ が

$$QT_j = \bigcup_{i=1}^{m} \bigcup_{k \in D_{ij}} (T_i + k) \tag{7.7}$$

をみたし，この右辺の任意の異なる二つのタイルの共通部分のルベーグ測度が零のときを考える．このとき

$$\omega(T_j) = \{T_i + k \mid i \in \{1, 2, \ldots, m\},\ k \in D_{ij}\}$$

という写像を考える．$\omega(T_j + x) = \omega(T_j) + Qx$ と定めれば，ω をタイルに何度も作用させてやることができる．(7.7) があれば ω が定義され，この写像はタイルを拡大し，それをいくつかのタイルに分割する（拡大分割する）役割を果たす．T_i $(i = 1, \ldots, m)$ の平行移動からなるタイル張り $\mathcal{T}$ について $\mathcal{T}$ の任意の有限集合をパッチというのであった．$\mathcal{T}$ の任意のパッチ P に対して，ある自然数 $n, j \in \{1, \ldots, m\}$ と $x \in \mathbb{R}^d$ が存在して $P + x$ が $\omega^n(T_j)$ の部分パッチであるとき，$\mathcal{T}$ を Q を拡大行列とする**自己アフィンタイル張り**という．特に Q がスカラー行列 βE_d のとき**自己相似タイル張り**という．ここで E_d は $d \times d$ の単位行列である．

　上記の (7.6) でできる 1 次元タイル張りは三つのタイル

$$A = T_1 = ([0, 1], 1), \quad B = T_2 = ([0, \beta - 1], 2), \quad C = T_3 = ([0, 1/\beta], 3)$$

でできており，$Q = (\beta)$ という 1×1 の拡大行列に関する自己相似タイル張り

である．$-1+\sqrt{-1}$ による標準数系タイル張りはタイル $(F,1)$ だけで作られ，$-1+\sqrt{-1}$ による乗法，すなわち

$$Q = \begin{pmatrix} -1 & -1 \\ 1 & -1 \end{pmatrix}$$

を拡大行列とし，(7.4) で拡大していく規則が記述できる 2 次元の自己相似タイル張りである．このような集合方程式が与えられると，これを何度も用いることでタイルは拡大分割され，いくらでも直径の大きなパッチができる．X を一つの自己アフィン集合方程式から作られる自己アフィンタイル張りのすべての集合とする．二つのタイル張りが近いということを，原点を中心とする半径の大きな球を含むパッチが短い平行移動で一致することで定義すると X は位相空間となる．このタイル張りが FLC をみたせば，X はこの位相でコンパクトである．X は $\mathbb{R}^d$ の平行移動で閉じており，平行移動は連続な作用である．したがって $(X, \mathbb{R}^d)$ は位相力学系をなす．これを**自己アフィンタイル張り力学系**という．自己アフィンタイル張りが拡大分割規則で自分自身に移る場合には固定点とよばれる．$(^{\#}D_{ij})$ が原始的のとき X に属するタイル張りは反復的となる．さらに置換規則力学系と同じように自己アフィンタイル張り力学系は固定点の $\mathbb{R}^d$ での平行移動の全体の閉包と記述され，最小で唯一エルゴード的となる（文献 [7-29]）．準結晶の発見が契機となり，自己アフィンタイル張り力学系はその数学モデルとして脚光を浴びてきた（文献 [7-8]）．

　置換規則力学系は，離散時間の自己相似性をもつ力学系をコード化（記号化）した，もっとも簡単なものである．上述のように M_σ の左固有値を長さに用いて 1 次元自己相似タイル張りができる．このように原始的置換規則に対してできる 1 次元自己相似タイル張り力学系を σ の**懸垂**とよぶ．これは連続時間の自己相似性をもつ力学系のモデルである．さらに時間概念を $\mathbb{R}^d$ 平行移動の作用に拡張したのが自己アフィンタイル張り力学系である．

　$d \times d$ 行列 (D_{ij}) は置換規則力学系での M_σ と同様の役割を果たす．ペロン-フロベニウスの理論により，要素がすべて非負の行列が原始的ならば，正の最大固有値 β が存在し，他の固有値の絶対値は β より真に小さい（文献 [7-22]）．このような β を**ペロン-フロベニウス根**という．自己アフィンタイル張りの場

合 $(^{\#}D_{ij})$ は非負の整数行列であるから $\beta > 1$ となる．タイル張りであることから $|\det(Q)|$ は $(^{\#}D_{ij})$ のペロン-フロベニウス根と一致することが容易にわかる（文献 [7-21]）．

7.7　ベータ展開

7.1 節では，剰余アルゴリズムからできる数系を扱った．ここでは，強欲数系によるアルゴリズムを考えよう．実数 $\beta > 1$ を固定し，正数 x に対して

$$\beta^n \le x < \beta^{n+1}$$

となる整数 n を見つけ，x を $x - \beta^n$ で置き換えていくのである．これを簡単に記述するため，つぎのような写像 $G_\beta : [0,1) \to [0,1)$ を考える．

$$G_\beta(x) = \beta x - \lfloor \beta x \rfloor$$

明らかに $\lfloor \beta x \rfloor \in \mathcal{A} := [0, \beta) \cap \mathbb{Z}$ である．$x_i = G_\beta^i(x)$, $a_i = \lfloor \beta G_\beta^{i-1}(x) \rfloor$ とおくと

$$x_1 = \beta x - a_1$$
$$x_2 = \beta x_1 - a_2$$
$$x_3 = \beta x_2 - a_3$$
$$\vdots$$

より

$$x = \frac{a_1}{\beta} + \frac{a_2}{\beta^2} + \frac{a_3}{\beta^3} + \dots$$

なる級数表示が得られる．これが $x \in [0,1)$ の強欲算法による小数表示である．

一般の $x \ge 0$ では，まず $\beta^{-n}x \in [0,1)$ となる自然数 n を固定し

$$\beta^{-n}x = \frac{a_{-n+1}}{\beta} + \frac{a_{-n+2}}{\beta^2} + \dots$$

と展開する．これに β^n を掛けると

$$x = a_{-n+1}\beta^{n-1} + a_{-n+2}\beta^{n-2} + \dots + a_{-1}\beta + a_0 + \frac{a_1}{\beta} + \frac{a_2}{\beta^2} + \dots$$

というふうに強欲展開が得られる. この表示は n を大きくとると最初の方の a_i が 0 となるだけで n のとり方によらない. より親しみやすい書き方をすれば

$$x = a_{-n+1}a_{-n+2}\ldots a_{-1}a_0 \bullet a_1 a_2 a_3 \ldots$$

という β 進表示が得られる. このとき小数点の右側と左側で

$$a_{-n+1}\ldots a_0 \bullet = \sum_{i=1}^{n} a_{-n+i}\beta^{n-i}$$

を x の β–整数部分,

$$\bullet a_1 a_2 \ldots = \sum_{i=1}^{\infty} \frac{a_i}{\beta^i}$$

のことを x の β–小数部分と名付けるのは自然であろう. $x \in [0,1)$ が与えられたとき x のベータ展開から $\pi(x) = a_1 a_2 \ldots$ で写像 $\pi : [0,1) \to \mathcal{A}^{\mathbb{N}}$ が定まる. この π は全射ではない. $\mathcal{A}^{\mathbb{N}}$ の元が π の像となるとき **admissible** であるという. admissible な $\mathcal{A}^{\mathbb{N}}$ の元の特徴づけはパリー（William Parry）により与えられた. これを記述するため, 図 7.4 のように G_{β} とほぼ同じであるが不連続点での値を変えた $\hat{G}_{\beta} : (0,1] \to (0,1]$ をつぎで定義する:

$$\hat{G}_{\beta}(x) = \beta x - m$$

ここで $m \in \mathbb{Z}$ は $\beta x - m \in (0,1]$ となるように定める. G_{β} と同様に $x \in (0,1]$ は $\mathcal{A} = \mathbb{Z} \cap [0,\beta)$ を文字として用いることで展開される.

これで

$$1 = \frac{c_1}{\beta} + \frac{c_2}{\beta^2} + \frac{c_3}{\beta^3} + \ldots$$

と展開し $c_1 c_2 \ldots \in \mathcal{A}^{\mathbb{N}}$ を **1 の展開** といって $\pi(1)$ と書く [6] ことにする. パリー（文献 [7-23]）は $a_1 a_2 \ldots \in \mathcal{A}^{\mathbb{N}}$ が addmissible であることが

$$a_n a_{n+1}\ldots \ll \pi(1) \tag{7.8}$$

がすべての自然数 n で成り立つことと同値であることを示した. ここで $\ll$ は

---

[6] π の定義域は $[0,1)$ だったので, これを $\hat{G}_{\beta}$ により拡張したと考える.

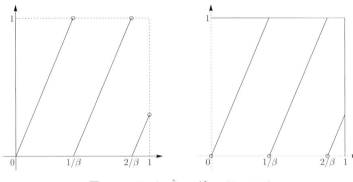

図 **7.4**　G_β と $\hat{G}_\beta$ の違い ($\beta = 2.3$)

自然な辞書式順序である．$\hat{G}_\beta$ での 1 の軌道 $(\hat{G}_\beta^n(1))_{n=0,1,...}$ は G_β による $1 - \varepsilon$ の軌道を考え，ε を正方向から零に近づけたときの極限である．例えば $\beta = 10$ ならば $\pi(1) = 9999\ldots$ となるので，10 進法において $a_1 a_2 \ldots \in \mathcal{A}^{\mathbb{N}}$ は途中から $9999\ldots$ のように 9 が無限回繰り返す場合を除いて 10 進小数として強欲アルゴリズムで実現できる．これはよく知られた結果である．さらに $a_1 a_2 \ldots a_n 000 \ldots = a_1 a_2 \ldots a_n 0^\infty \in \mathcal{A}^{\mathbb{N}}$ が admissible のとき有限語 $a_1 \ldots a_n \in \mathcal{A}^*$ が admissible であるという．

　本稿では詳しく触れることができないが，ベータ展開にはつぎのようなルベーグ測度に関して絶対連続な不変測度の具体形が知られている：

$$\left(\sum_{\hat{G}_\beta^n(1) < x} \frac{1}{\beta^n} \right) dx$$

括弧内は $\hat{G}_\beta^n(1) < x$ が成立する非負整数 n をわたる和である．G_β はこの不変測度に関してエルゴード的であり，ほとんどすべての x のベータ展開についてどのような文字列がどの程度の頻度で現れるかを詳しく知ることができる．

7.8　パリー数と 1 次元自己相似タイル張り

　ベータ展開は $\beta > 1$ が整数のときは，通常の β 進法と同じである．β が整数でないときにはどのような数系をなすだろうか．β が整数のときは任意の $\mathcal{A}^*$ の元は admissible であるが，β が整数でないときは (7.8) により admissible

でない有限語が存在する.

ベータ展開に対応して $\mathcal{A}^{\mathbb{Z}}$ の両側無限語で，すべての有限部分語が admissible なものの全体の集合を X_{β} と書く．X_{β} はサブシフトとなるので，これをベータシフトという．すると (7.8) を用いると X_{β} が sofic となるための必要十分条件は $\pi(1)$ が循環することであることがわかる．言い換えると $\{\hat{G}_{\beta}^{n}(1) \mid n \in \mathbb{N}\}$ が有限集合となることである．このような性質をもつ β のことを **パリー数** という．さらに X_{β} が有限型サブシフトとなるのは $\pi(1)$ が純循環（$n \geq 1$ があって $\hat{G}_{\beta}^{n}(1) = 1$）することと同値となる．パリー数は代数的整数であり，さらに β 以外の根の絶対値は $\min\{\beta, (1+\sqrt{5})/2\}$ より小であることが知られている（文献 [7-28]）.

β をパリー数とするとき $\{0,1\} \cup \{\hat{G}_{\beta}^{n}(1) \mid n \in \mathbb{N}\}$ を大小の順に並べて $0 = t_1 < t_2 < \cdots < t_m < t_{m+1} = 1$ と書くと

$$[0,1) = [t_1, t_2) \cup [t_2, t_3) \cup \cdots \cup [t_m, t_{m+1})$$

と小区間に分割できる．$\{\hat{G}_{\beta}^{n}(1) \mid n \in \mathbb{N}\}$ は定義から G_{β}^{n} ($n \in \mathbb{N}$) の不連続点の全体であるので G_{β} を作用しても不変である．したがって $T_i = ([t_i, t_{i+1}], i)$ をタイルとすると，このとき βT_i は T_i ($i = 1, 2, \ldots, m$) の（境界を除く）disjoint union で書ける．すなわち $Q = (\beta)$ を 1×1 拡大行列とする自己相似性を表す方程式 (7.7) をみたす[7]．このとき $(\#D_{ij})$ は原始的となり，対応する ω を何度も作用させると T_i ($i = 1, 2, \ldots, m$) をタイルとする $\mathbb{R}$ の自己相似タイル張りができる．

例を二つ挙げよう：

1. $\beta \approx 1.80194$ を $x^3 - x^2 - 2x + 1$ の根とする．このとき $\hat{G}_{\beta}(1) = \beta - 1 \approx 0.801938$, $\hat{G}_{\beta}^{2}(1) = \beta^2 - \beta - 1 \approx 0.445042$ で，$\hat{G}_{\beta}^{3}(1) = \hat{G}_{\beta}(1)$ となるので

$$\pi(1) = 1101010\ldots = 1(10)^{\infty}$$

が 1 の展開である．したがって β はパリー数である．$\hat{G}_{\beta}(1), \hat{G}_{\beta}^{2}(1)$ により単位区間は分割されて

---

[7] この議論は形式的に $\mathrm{supp}(T_i)$ が $[t_i, t_{i+1})$ の半開区間であるとしても成り立つ.

$$[0,1] = [0, \beta^2 - \beta - 1] \cup [\beta^2 - \beta - 1, \beta - 1] \cup [\beta - 1, 1]$$
$$= T_1 \cup T_2 \cup T_3 \tag{7.9}$$

となる．容易に

$$\beta T_1 = T_1 \cup T_2$$
$$\beta T_2 = T_3 \cup (T_1 + 1)$$
$$\beta T_3 = T_2 + 1$$

が確かめられる．これが自己相似方程式 (7.7) である．これは 7.5 節で述べた置換規則力学系の懸垂に対応する集合方程式である．対応する置換規則は

$$\tau : a \to ab, \quad b \to ca, \quad c \to b$$

であり

$$\tau(a) = ab$$
$$\tau^2(a) = abca$$
$$\tau^3(a) = abcabab$$
$$\tau^4(a) = abcababcaabca$$

のように順に右に延長されていく．これは $[0,1]$ 区間に β^n を掛けて $[0, \beta^n]$ とするとき，これが $A = T_1$, $B = T_2$, $C = T_3$ でどのようにタイル張りされるかを記号の成長で表している．$\tau(w) = w$ をみたす固定点 $w = abcababcaabca \ldots \in A^{\mathbb{N}}$ ができるが，これは自然に正の実軸のタイル張りを与えることになる．

2. $\beta \approx 1.83929$ を $x^3 - x^2 - x - 1$ の根とする．このとき $\hat{G}_\beta(1) = \beta - 1 \approx 0.83929$, $\hat{G}_\beta^2(1) = \beta^2 - \beta - 1 \approx 0.543689$, $\hat{G}_\beta^3(1) = 1$, $\pi(1) = (110)^\infty$ となるので β はパリー数であり，対応するベータシフト X_β は有限型である．単位区間の分割は β の (7.9) と同じ形（β の値は異なる）で T_i $(i = 1, 2, 3)$ が定まり

$$\beta T_1 = T_1 \cup T_2 \cup T_3$$
$$\beta T_2 = T_1 + 1 \qquad (7.10)$$
$$\beta T_3 = T_2 + 1$$

が成立する．これは置換規則

$$\sigma_T : a \to abc, \ b \to a, \ c \to b$$

の懸垂となる．この置換規則 σ_T に対応する M_{σ_T} は M_{σ_R} の転置行列になっている．

このようにパリー数には 1 次元自己相似タイル張りが対応し，それは置換規則の懸垂を生み出す．自己相似集合方程式は

$$\beta T_j = \bigcup_{i=1}^{m} \bigcup_{k \in D_{ij}} (T_i + k) \qquad (7.11)$$

の形をしており，各 D_{ij} は $\mathcal{A} := \mathbb{Z} \cap [0, \beta)$ の有限部分集合（空集合も可）であることがわかる．例 (7.10) では，

$$(D_{ij}) = \begin{pmatrix} \{0\} & \{1\} & \emptyset \\ \{0\} & \emptyset & \{1\} \\ \{0\} & \emptyset & \emptyset \end{pmatrix} \qquad (7.12)$$

となる．この例は次節で用いる．

7.9　ピゾ数とサーストンの双対タイル張り

実数 $\beta > 1$ がピゾ (Charles Pisot) 数であるとは代数的整数で，他の根の絶対値が 1 より小さいもののことである．2 以上の整数はピゾ数である．もっとも有名な例として黄金比 $(1 + \sqrt{5})/2 \approx 1.61803$ は $x^2 - x - 1$ の根で，他の根は $(1 - \sqrt{5})/2 \approx -0.61802$ なのでピゾ数である．ロジー置換規則のペロン-フロベニウス根は $x^3 - x^2 - x - 1$ の根であるが他根 $-0.419643 \pm 0.606291\sqrt{-1}$ は絶対値が 1 より小であるのでピゾ数である．前節に出てきた $x^3 - x^2 - 2x + 1$ の根 $\beta \approx 1.80194$ はパリー数だがピゾ数でない．また実数 $\beta > 1$ がサレム

(Raphaël Salem) 数であるとは，代数的整数であって他根の絶対値が 1 以下の
ものでピゾ数でないもの，すなわち少なくとも一つは根の絶対値が 1 のものを
いう．サレム数は 4 次以上の偶数次の相反方程式（係数列が左右対称）の根で
ある（文献 [7-10]）．

　ベータ展開は実数 β を底とする数系であるが，β がピゾ数のときは，整数の
ときとかなり似た状況が生じる．シュミット（Klaus Schmidt, 文献 [7-27]）と
ベルトラン（Anne Bertrand, 文献 [7-11]）は，$\mathbb{Q}(\beta)$（有理数体 $\mathbb{Q}$ と β を含
む最小の体）の正の元のベータ展開が必ず循環することを示した．これからピ
ゾ数は必ずパリー数となる．逆に $\mathbb{Q}(\beta)$ のすべての正の元のベータ展開が循環
するならば β はピゾ数またはサレム数である．4 次のサレム数はパリー数であ
ることが知られているが，一般のサレム数がパリー数かどうかは未解決問題で
ある（文献 [7-12]）．

　β をピゾ数とする．β の次数を d とし，その最小多項式が

$$(x - \beta_1)(x - \beta_2) \cdots (x - \beta_d)$$

と複素数で因数分解されるとする．ここで $\beta_1 = \beta$, β_i $(i = 1, \ldots, r_1)$ は実数，
β_i $(i > r_1)$ は複素数として $\beta_{r_1+j}, \beta_{r_1+r_2+j}$ $(j = 1, \ldots, r_2)$ は複素共役とす
る．したがって $d = r_1 + 2r_2$ である．$\mathbb{Q}(\beta)$ の元は $\sum_{i=0}^{d-1} b_i \beta^i$ $(b_i \in \mathbb{Q})$ と書
ける．このとき $j \geq 2$ について

$$\rho_j : \sum_{i=0}^{d-1} b_i \beta^i \mapsto \sum_{i=0}^{d-1} b_i \beta_j^i$$

は環準同型である．これを共役写像という．β_i $(i \geq 2)$ を用いて $\Phi : \mathbb{Q}(\beta) \to$
$\mathbb{R}^{d-1}$ をつぎのように定義しよう：

$$\Phi(x) = (\rho_2(x), \ldots, \rho_{r_1+r_2}(x))^t \in \mathbb{R}^{r_1-1} \times \mathbb{C}^{r_2} \simeq \mathbb{R}^{d-1}$$

ただしガウス平面 $\mathbb{C}$ を $\mathbb{R}^2$ と同一視し，像は $\mathbb{R}^{d-1}$ の列ベクトルで記述するの
で転置の記号 t をつけた．このとき拡大行列

$$Q = (\beta_2^{-1}) \oplus \cdots \oplus (\beta_{r_1}^{-1}) \oplus \begin{pmatrix} \mathrm{Re}(\beta_{r_1+1}^{-1}) & -\mathrm{Im}(\beta_{r_1+1}^{-1}) \\ \mathrm{Im}(\beta_{r_1+1}^{-1}) & \mathrm{Re}(\beta_{r_1+1}^{-1}) \end{pmatrix} \oplus \cdots$$

$$\cdots \oplus \begin{pmatrix} \mathrm{Re}(\beta_{r_2}^{-1}) & -\mathrm{Im}(\beta_{r_2}^{-1}) \\ \mathrm{Im}(\beta_{r_2}^{-1}) & \mathrm{Re}(\beta_{r_2}^{-1}) \end{pmatrix}$$

について

$$Q\Phi(x) = \Phi(x/\beta)$$

が成り立つ．ここで $A \oplus B$ は行列 A, B を斜めに並べ，他要素を零にした行列のこととする．以下，これを用いてベータシフト X_β を幾何学的に実現することを考えよう．X_β は両側無限語

$$\dots a_{-2}a_{-1}a_0 \bullet a_1 a_2 \dots \in \mathcal{A}^{\mathbb{Z}}$$

であるが，小数部分 $\bullet a_1 a_2 \dots$ にはベータ展開を用いて $\sum_{i=1}^{\infty} a_i \beta^{-i} \in \mathbb{R}$ を対応させる．では，整数部分に相当する $\dots a_{-2}a_{-1}a_0 \bullet$ は一体どうしたらよいだろう．ベータシフトの元は左にも無限列であるのでベータ展開を用いると $\sum_{i=-\infty}^{0} a_i \beta^{-i}$ は発散してしまい意味をもたない．サーストン（文献 [7-30]）のアイデアは Φ を用いてこれに意味をもたせることにある．つまり

$$\lim_{n \to \infty} \Phi\left(\sum_{i=-n}^{0} a_i \beta^{-i}\right) = \lim_{n \to \infty} \Phi\left(\sum_{i=0}^{n} a_{-i} \beta^{i}\right)$$

とすれば $\beta_i\ (i \geq 2)$ の絶対値が 1 より小なので収束する．また Φ は β の冪の $\mathbb{Q}$ 係数の有限和ならば意味をもつ．以下，記号を簡単にするため，この右辺を $\Phi\left(\sum_{i=0}^{\infty} a_{-i}\beta^i\right)$ などと書くことにする．$x \in [0,1)$ を固定し $\pi(x) = a_1 a_2 \dots$ とする．このとき

$$F(x) = \{\dots a_{-2}a_{-1}a_0 \in \mathcal{A}^{-\mathbb{N}} \mid \dots a_{-2}a_{-1}a_0 \bullet a_1 a_2 \dots \text{ は admissible }\}$$

で左無限語の集合を定義しよう．$F(x)$ を **follower** 集合といい $\{F(x) \mid x \in [0,1)\}$ が有限集合であることと X_β が sofic であることは同値である（文献 [7-22]）．β はパリー数なので，上記の場合は $\{F(x) \mid x \in [0,1)\}$ は有限集合で，(7.8) により x が単位区間の分割 $\bigcup_{i=1}^{m}[t_i, t_{i+1})$ のどこに属するかにのみ依存して定まる．したがって $x \in [t_i, t_{i+1})$ のとき

$$U_i = \{\Phi(F(x)) \mid x \in [t_i, t_{i+1})\}$$

とおく（Φ の記述の簡便法に注意）．すると U_i $(i = 1, 2, \ldots, m)$ は $\mathbb{R}^{d-1}$ のコンパクト集合であり，(7.11) の D_{ij} を用いて

$$QU_i = \bigcup_{j=1}^m \bigcup_{k \in D_{ij}} (U_j + kQv) \tag{7.13}$$

が成立することが確かめられる．ここで

$$v = \Phi(1) = (\overbrace{1, \ldots, 1}^{r_1-1}, \overbrace{1, 0, 1, 0, \ldots, 1, 0}^{r_2})^t$$

である．この式は (7.11) と比較して i と j の役割が入れ替わっており対応する行列が転置されるのが重要点である．

　前節の最後の例で出てきたピゾ数 $\beta > 1$ $(x^3 - x^2 - x - 1 = 0$ の根) のときを書いてみよう．$\beta_2 \approx -0.419643 - 0.606291\sqrt{-1}$ であり

$$Q = \begin{pmatrix} \mathrm{Re}(1/\beta_2) & -\mathrm{Im}(1/\beta_2) \\ \mathrm{Im}(1/\beta_2) & \mathrm{Re}(1/\beta_2) \end{pmatrix}$$

の乗算は $\mathbb{C} \simeq \mathbb{R}^2$ の同一視により，複素数 $1/\beta_2$ を掛けることに他ならない．このとき v は複素数の 1 と同一視される．したがって (7.12) と (7.13) から U_i $(i = 1, 2, 3)$ は $\mathbb{C}$ の中で

$$\begin{aligned} \beta_2^{-1} U_1 &= U_1 \cup (U_2 + \beta_2^{-1}) \\ \beta_2^{-1} U_2 &= U_1 \cup (U_3 + \beta_2^{-1}) \\ \beta_2^{-1} U_3 &= U_1 \end{aligned} \tag{7.14}$$

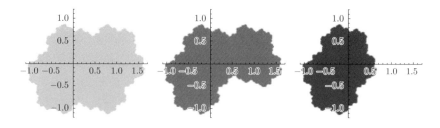

図 **7.5**　U_1, U_2, U_3

という集合方程式をみたす．標準数系の場合と同様に，この方程式をみたす非空なコンパクト集合は一意に定まる（文献 [7-13, 48p. Graph-directed set]）．

(7.14) を繰り返し適用すると，図 7.6 のように複素数 $1/\beta_2$ の乗法による相似拡大に対応した U_i $(i = 1, 2, 3)$ による複素平面の自己相似タイル張りが生ずる．

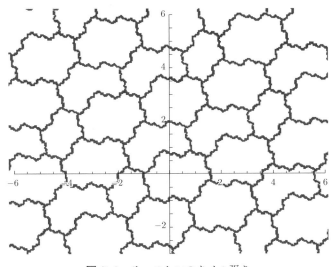

図 **7.6**　サーストンのタイル張り

7.10　これは本当にタイル張りなのか？

　任意のピゾ数が与えられれば 7.9 節のようなタイル張りができるのだろうか．まず必要条件として，この方法ではピゾ数 β は単数でないとうまくいかない．単数とは $1/\beta$ も代数的整数であること，言い換えると最小多項式の定数項が ± 1 ということである．その理由は (7.13) の右辺に表れるコンパクト集合が β が単数でないときは内点で重なってしまうことにある．タイル張りを構成するのに $\mathbb{R}^{d-1}$ では狭すぎるのである．β が単数でないときは重なりを排除するためには p 進的な埋め込みを援用しなければならないことが知られている．

　ピゾ単数であれば多くの場合タイル張りになるのではないかとサーストンは予想をしていた．これはなかなかの難問であった．筆者はこれが標準数系と似

た性質と関係があることに気がついた.

　ベータ展開が有限とは, ある $n \in \mathbb{N}$ が存在して $G_\beta^n(x) = 0$ となること, すなわち $\pi(x)$ が途中から 0 の繰り返しになることとする. すべての $x \in \mathbb{Z}[\beta] \cap [0,1)$ のベータ展開が有限となるとき β は有限性をみたすという. 文献 [7-1] では有限性が成り立つとき原点が T_1 の内点となることを示した. このとき 7.3 節の標準数系の議論と同様にタイル張りが可能であることがわかる. 有限性をみたすならば β はピゾ数である (文献 [7-15]). 一般のピゾ数では有限性は必ずしも成り立たない. ピゾ数が有限性をみたすか否かは面白い問題である (文献 [7-4, 7-5]). 文献 [7-2] ではタイル張りとなることの必要十分条件として数系の弱有限性という概念に行き着いた. その後, 筆者の研究はあまり進まなかったが, 問題の重要性と難しさ, および関連する様々な同値条件への理解が深まった. 特に重要な事実として, この問題は対応する置換規則力学系のスペクトルの準離散性と同値であることがわかった.

　近年, 深いトポロジーの手法が開発され, ピゾ数を底とするベータ展開に付随する置換規則力学系の準離散性がバージ (Marcy Barge, 文献 [7-9]) により示され, したがって弱有限性も同時に証明された. 結果としてサーストンの楽観はすべての場合で正しいことがわかったのである.

7.11　置換規則の幾何学的実現：ロジーのタイル張り

　ロジー (Gérard Rauzy, 文献 [7-26]) は別の動機からサーストンの方法の拡張となるタイル張りを考察している. ロジー置換規則 $\sigma_R : a \to ab,\ b \to ac,\ c \to a$ で説明しよう. ロジーは, この固定点

$$w = abacabaabacabababacabaabac\ldots$$

を考え, a, b, c にそれぞれ $\mathbb{R}^3$ の単位ベクトル $e_a = (1,0,0)^t$, $e_b = (0,1,0)^t$, $e_c = (0,0,1)^t$ を対応させ, これで図 7.7 のような無限折れ線

$$e_a + e_b + e_a + e_c + e_a + e_b + e_a + \cdots$$

を考えた.

　対応するペロン-フロベニウス根 β はピゾ単数で最小多項式は $x^3 - x^2 - x - 1$

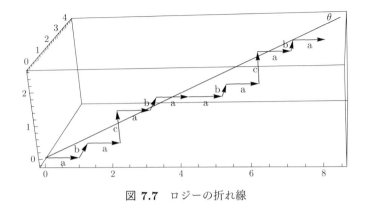

図 **7.7** ロジーの折れ線

である．片側サブシフト Y_{σ_R} を幾何学的に考えると $\{s^n(w) \mid n \in \mathbb{N}\}$ にシフト s が作用する様子は，対応する折れ線のシフトで記述される．ピゾ数の定義により，この折れ線は M_{σ_R} の右固有ベクトル方向の原点を通る半直線 θ 方向に巻き付いていき，この半直線からの距離は有界である．したがって，θ に垂直な平面 P への θ に沿った射影 ϕ により，無限折れ線の端点の集合は有界集合に落ちる．e_a の左端点全体を Λ_1，同様に e_b に対しては Λ_2，e_c に対しては Λ_3 と書く．一方で θ に対して垂直な射影 ψ により端点集合 Λ_i $(i = 1, 2, 3)$ を θ に射影すると半直線 θ は 3 種類の区間でタイル張りされるが，これが図 7.3 の置換規則 σ_R の懸垂によるタイル張りに他ならない．したがって (7.6) を考えると

$$\psi(\Lambda_1) = \beta\psi(\Lambda_1) \cup \beta\psi(\Lambda_2) \cup \beta\psi(\Lambda_3)$$
$$\psi(\Lambda_2) = \beta\psi(\Lambda_1) + 1 \tag{7.15}$$
$$\psi(\Lambda_3) = \beta\psi(\Lambda_2) + 1$$

という θ 上の点集合の集合方程式[8]が導かれる．ψ の $\mathbb{Z}^3$ への制限は単射であることに注意する．合成写像 $\phi \circ \psi^{-1} : \bigcup_i \psi(\Lambda_i) \to P$ は β を β_2 に写す共役写像と本質的に同じ（アフィン同値）となるので，以下これを同一視する．

そこで $V_i = \overline{\phi(\Lambda_i)}$ $(i = 1, 2, 3)$ とおけば

---

[8] 平行移動の大きさは相似拡大の影響を受けるが，結果に影響はないので無視する．

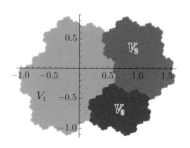

図 **7.8**　V_1, V_2, V_3

$$V_1 = \beta_2 V_1 \cup \beta_2 V_2 \cup \beta_2 V_3$$
$$V_2 = \beta_2 V_1 + 1 \qquad\qquad (7.16)$$
$$V_3 = \beta_2 V_2 + 1$$

という集合方程式が得られ，この解となる非空コンパクト集合 V_i は一意に定まる．

　この三つのタイルは (7.5) の場合と少し形が異なり，また二つのタイルは境界だけでしか交わらない．これらをロジーフラクタルという．つまりロジーフラクタルは，折れ線の端点の射影像である．この集合方程式を何度も繰り返し適用することで図 7.9 のように $\mathbb{C}$ のタイル張りが生ずる．サーストンの方法のタイル $([t_i, t_{i+1}], i)$ $(i = 1, \ldots, m)$ は置換規則の懸垂の集合方程式をみたす．これはロジーの方法では右固有ベクトル θ 方向への，端点の射影で生成される．一般に文字数と β の次数が一致する場合には，置換規則 σ_T にロジーの方法を適用すれば，サーストンのタイル張りが復元される．賢明な読者は，2 次元の (7.14) と 1 次元の (7.6) および 2 次元の (7.16) と 1 次元の (7.10) の類似を発見するだろう．本節で説明に用いた σ_R は σ_T とある種の双対の関係になっており，対応する力学系のスペクトルの純離散性などの基本問題はどちらの方法でも結果は同じとなる．

　ロジーの方法は，Arnoux-伊藤俊次（文献 [7-7]）によってピゾ単数をペロン-フロベニウス根にもつ置換規則の場合に一般化された．ピゾ単数の次数 d と，異なるタイルの枚数 m が一致する場合を既約ピゾ置換規則という．既約ピゾ置換規則の場合には（ベータ展開に付随しない一般のものでも），ロジーの方法でタ

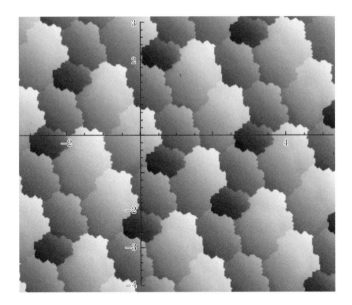

図 **7.9**　ロジーのタイル張り

イル張りができると信じられているが，現時点では証明されていない．この分野
の大きな未解決問題でありピゾ・サブスティテューション（Pisot Substitution）
予想とよばれている（文献 [7-3]）．

参考文献

[7-1] S. Akiyama, Self affine tiling and Pisot numeration system, In K. Győry
　　　and S. Kanemitsu, editors, Number Theory and its Applications, Kluwer
　　　(1999), 1–17.

[7-2] S. Akiyama, On the boundary of self affine tilings generated by Pisot
　　　numbers, J. Math. Soc. Japan, Vol. 54, No. 2 (2002), 283–308.

[7-3] S. Akiyama, M. Barge, V. Berthé, J.-Y. Lee, and A. Siegel, On the Pisot
　　　Substitution Conjecture, In *Mathematics of Aperiodic Order*, Vol. 309 of
　　　Progress in Mathematics, Birkhäuser, Basel (2015), 33–72.

[7-4] S. Akiyama, T. Borbély, H. Brunotte, A. Pethő, and J. M. Thuswaldner.
　　　Generalized radix representations and dynamical systems I, Acta Math.
　　　Hungar., Vol. 108, No. 3 (2005), 207–238.

[7-5] S. Akiyama, H. Brunotte, A. Pethő, and J. M. Thuswaldner. Generalized radix representations and dynamical systems II, Acta Arith., Vol. 121 (2006), 21–61.

[7-6] S. Akiyama and A. Pethő, On canonical number systems, Theor. Comput. Sci., Vol. 270, No. 1-2 (2002), 921–933.

[7-7] P. Arnoux and Sh. Ito, Pisot substitutions and Rauzy fractals, Bull. Belg. Math. Soc. Simon Stevin, Vol. 8, No. 2 (2001), 921–933.

[7-8] M. Baake and U. Grimm, *Aperiodic Order, Vol. 1*, Vol. 149 of *Encyclopedia of Mathematics and its Applications*, Cambridge University Press, Cambridge (2013).

[7-9] M. Barge, The Pisot conjecture for β-substitutions, Ergodic Theory Dynam. Systems, Vol. 38, No. 2 (2018), 444–472.

[7-10] M.-J. Bertin, A. Decomps-Guilloux, M. Grandet-Hugot, M. Pathiaux-Delefosse, and J.-P. Schreiber, *Pisot and Salem Numbers*, Birkhäuser (1992).

[7-11] A. Bertrand, Développements en base de Pisot et répartition modulo 1, C. R. Acad. Sci. Paris Sér. A-B, Vol. 285, No. 6 (1977), A419–A421.

[7-12] D. W. Boyd, Salem numbers of degree four have periodic expansions, In *Number theory*, Walter de Gruyter (1989), 57–64.

[7-13] K. J. Falconer, *Techniques in Fractal Geometry*, John Wiley and Sons, Chichester, New York, Weinheim, Brisbane, Singapore, Toronto (1997).

[7-14] N. Pytheas Fogg, *Substitutions in Dynamics, Arithmetics and Combinatorics*, Vol. 1794 of *Lecture Notes in Mathematics*, Springer-Verlag, Berlin (2002).

[7-15] Ch. Frougny and B. Solomyak, Finite beta-expansions, Ergodic Theory Dynam. Systems, Vol. 12, No. 4 (1992), 713–723.

[7-16] W. J. Gilbert, Geometry of radix representation, The Geometric Vein. The Coxeter festschrift (Hrsg.: D. Chandler, B. Grünbaum, F. A. Sharks), Springer, Berlin (1982).

[7-17] I. Kátai and B. Kovács, Kanonische Zahlensysteme in der theorie der quadratischen Zahlen, Acta Sci. Math. (Szeged), Vol. 42 (1980), 99–107.

[7-18] I. Kátai and J. Szabó, Canonical number systems for complex integers, Acta Sci. Math. (Szeged), Vol. 37 (1975), 255–260.

[7-19] D. E. Knuth, *The Art of Computer Programming, Vol 2: Seminumerical Algorithms*, Addison Wesley, London (1981).

[7-20] B. Kovács and A. Pethő, Number systems in integral domains, especially in orders of algebraic number fields, Acta Sci. Math. (Szeged), Vol. 55 (1991), 286–299.

[7-21] J. C. Lagarias and Y. Wang. Substitution Delone sets, Discrete Comput. Geom., Vol. 29 (2003), 175–209.

[7-22] D. Lind and B. Marcus, *An Introduction to Symbolic Dynamics and Coding*, Cambridge University Press, Cambridge (1995).

[7-23] W. Parry, On the β-expansions of real numbers, Acta Math. Acad. Sci. Hungar., Vol. 11 (1960), 401–416.

[7-24] A. Pethő, On a polynomial transformation and its application to the construction of a public key cryptosystem, In *Computational number theory (Debrecen, 1989)*, de Gruyter, Berlin (1991), 31–43.

[7-25] M. Queffélec, *Substitution Dynamical Systems—Spectral analysis*, Vol. 1294 of *Lecture Notes in Mathematics*, Springer-Verlag, Berlin (1987).

[7-26] G. Rauzy, Nombres algébriques et substitutions, Bull. Soc. Math. France, Vol. 110, No. 2 (1982), 147–178.

[7-27] K. Schmidt, On periodic expansions of Pisot numbers and Salem numbers, Bull. London Math. Soc., Vol. 12 (1980), 269–278.

[7-28] B. Solomyak, Conjugates of beta-numbers and the zero-free domain for a class of analytic functions, Proc. London Math. Soc., Vol. 68 (1994), 477–498.

[7-29] B. Solomyak, Dynamics of self-similar tilings, Ergodic Theory Dynam. Systems, Vol. 17, No. 3 (1997), 695–738.

[7-30] W. P. Thurston, *Groups, Tilings and Finite State Automata*, AMS Colloquium Lecture Notes (1989).

第 8 章
複素双曲格子理論

小島 定吉

複素双曲格子は，実双曲格子の第一人者であるサーストンにとって他分野ではない．あえてここで取りあげるのは，馴染みの対象もサーストンをもってするとまったく別に見えるということを紹介するためである．

筆者は 1987/88 年に客員教員としてミシガン大学のアナーバー校に訪問していた時，スコットがサーストンの講演を紹介するセミナーを聴く機会があった．話は「バタフライムーブ」がキーワードで，複素双曲格子との接点は少なくとも筆者はかけらも聴き取れなかった．

バタフライムーブの解説の前に，等角 n 角形のモジュライについて説明する必要がある．各頂点での角度が等しい n 角形の集合を考える．n 個の辺の長さを反時計回りに $\lambda_0, \lambda_1, \ldots, \lambda_{n-1}$ とすると，等角 n 角形は n 本の辺を辿って元に戻るという関係から，図形が複素数平面にあると見なすと

$$\lambda_0 + \lambda_1 e^{2\pi i/n} + \cdots + \lambda_{n-1} e^{2\pi(n-1)i/n} = 0 \tag{8.1}$$

が成り立つ．逆に非負の $\lambda_0, \lambda_1, \ldots, \lambda_{n-1}$ が (8.1) をみたせば，等角 n 角形が得られる．したがって等角 n 角形の集合は非負の $\lambda_0, \lambda_1, \ldots, \lambda_{n-1}$ とその間の関係式 (8.1) をみたす集合と同一視できる．変数は n 個で，方程式は実部と虚部で二つあるので自由度は $n-2$ 次元である，

頂点がマーク付けされた等角 n 角形の形の集合，すなわち相似類の集合をモジュライとよび，その形状を求めたい．相似類の代表元を選ぶには，例えば面積を指定するのが一つの方法だが，ここがサーストンのウイットで，図 8.2 でいとも簡単に双曲幾何に辿り着く．すなわち n 角形の面積を計算するには，外接する 3 角形の面積から $n-3$ 個の 3 角形の面積を引けばよく，各々は辺の長

図 **8.1** 等角 n 角形

さの 2 次関数であることから，面積により定義される関数は $(1, n-3)$ の 2 次形式となる．そこで面積に -1 を掛けて正負を反転させれば $(n-3, 1)$ の 2 次形式になる．

図 **8.2** 面積は符号数 $(1, n-3)$ の 2 次形式

したがって等角 n 角形のモジュライは，頂点の衝突によって退化した等角 n 角形が境界となる $n-3$ 次元双曲凸多面体と同一視できる．$n=5$ のときは直角正双曲 5 角形，$n=6$ のときは三つの面が互いに直交する 2 頂点，および三つの理想頂点をもつ双曲 6 面体が現れる．

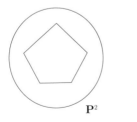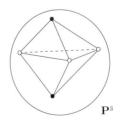

図 **8.3** 等角 5, 6 角形のモジュライ

サーストンは，等角 n 角形のモジュライに対してバタフライムーブという操作を定義し，鏡映変換が生成する群と話を結びつけた．バタフライムーブは，図

8.4 に記すとおり，等角 n 角形に対して一つの辺に注目して，その部分を蝶型の図形で置き換える操作である．

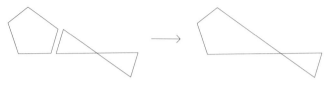

図 8.4　バタフライムーブ

　等角 n 角形に対するバタフライムーブは，$n-3$ 次元双曲空間内に置かれた等角 n 角形のモジュライである凸多面体の面に関する鏡映変換に相当する．サーストンは講演で，バタフライムーブが生成する鏡映変換群は，離散的であること，すなわちコクセター群であることの必要十分条件が $n = 5, 6, 8$ という形で述べた．この命題は，等角 n 角形のモジュライとして現れる $n-3$ 次元双曲凸多面体の面角を計算することによりわかる．詳細は拙著 [8-1] を参照されたい．証明は，筆者には本一冊を書く必要があったが，サーストンは著書 [8-3] で演習問題として挙げている．実際，その後論文 [8-2] を読んで，深い理解を平易に表現する方法がサーストンにはいくつもあったことを実感する．

　本題の複素双曲格子とは，複素双曲幾何における離散部分群のことである．n 次元複素双曲幾何は，文字どおり実双曲幾何 $\mathbb{H}^n$ の複素化で，符号数が $(n, 1)$ のエルミート形式

$$q(\boldsymbol{z}, \boldsymbol{w}) = z_1\overline{w}_1 + \cdots + z_n\overline{w}_n - z_{n+1}\overline{w}_{n+1}$$

を不変にする幾何学であり，台となる空間は

$$V_- = \{\boldsymbol{z} \in \mathbb{C}^{n+1} \,|\, q(\boldsymbol{z}, \boldsymbol{z}) < 0\}$$

を $\mathbb{C}^\times$ の対角線作用で割った空間である．$\mathbb{C}^{n+1}$ から原点を除いて $\mathbb{C}^\times$ の作用で割ると，複素射影空間 $\mathbf{CP}^n$ が得られる．V_- の像は，$\mathbf{CP}^n$ の $z_{n+1} = 1$ で定義されるアフィン部分空間の座標を用いれば，

$$\mathbf{B} = \{z \in \mathbb{C}^n \,|\, |z| < 1\}$$

に収まる.

　定義はこのように容易に拡張できるが，その格子，すなわち適当な等長群作用で割って体積有限なものを見つけるのは大きな困難がある．コクセター（Harold Coxeter）の仕事は実双曲幾何には直接結びつくが，その複素版に取り組んだのがモストウである．モストウは実双曲幾何での 3 角形群をモチーフに，手作りで複素双曲格子の構成を始め，ドリーニュ（Pierre Deligne）との組織的構成に発展させたのが 1980 年代半ばである．この仕事と，その後のサーストンの仕事の説明のため，状況を整理する.

　複素射影直線 $\mathbf{CP}^1$ 上の n 点の配置空間は

$$\mathcal{M} = \overbrace{\mathbf{CP}^1 \times \cdots \times \mathbf{CP}^1}^{n\,個} - \mathcal{D}$$

と表すことができる．ここで $\mathcal{D}$ は大対角線集合

$$\mathcal{D} = \{(z_1, z_2, \ldots, z_n) \in (\mathbf{CP^1})^n \,|\, i \neq j \ ならば \ z_i \neq z_j\}$$

である．興味の対象は $\mathcal{M}$ の射影同値類，すなわち $\mathrm{PGL}(2,\mathbb{C})$ の $\mathcal{M}$ への対角線作用による商

$$\mathcal{Q} = \mathcal{M}/\mathrm{PGL}(2,\mathbb{C})$$

である．$\mathrm{PGL}(2,\mathbb{C})$ の作用はリーマン球 $\mathbb{C} \cup \{\infty\}$ 上の勝手な異なる 3 点を例えば $0, 1, \infty$ に写せるので，射影同値類は，3 点が $0, 1, \infty$ に固定されているという正規化をすれば事情はわかりやすい．ちなみに $n = 5$ のときは，$\mathcal{Q}$ は 3 点を $0, 1, \infty$ に固定したので残り 2 点の動きがパラメータで，したがって $\mathbf{CP}^1 \times \mathbf{CP}^1$ において，座標を (x, y) で表すと，以下の方程式で定義される七つの法束のチャーン類が -1 の有理曲線の補空間と同一視できる.

$$x = \begin{cases} 0 \\ 1 \\ \infty, \end{cases} \qquad y = \begin{cases} 0 \\ 1 \\ \infty, \end{cases} \qquad x = y$$

ここで，$(0, 0), (1, 1), (\infty, \infty)$ は三つの有理曲線が交わるので，より対称性

を重視するにはこの 3 点でブローアップし，$\mathcal{Q}$ は $(\mathbf{CP}^1 \times \mathbf{CP}^1)\#3\overline{\mathbf{CP}^2} \cong$
$\mathbf{CP}^2\#4\overline{\mathbf{CP}^2}$ から 10 本の法束のチャーン類が -1 の有理曲線を除いた空間と
見なすのが自然である．

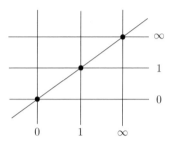

図 **8.5**　$\mathcal{Q},\ n = 5$

配置空間 $\mathcal{Q}$ に複素双曲構造の族を与え，その中から多くの複素双曲格子を
見出したのがドリーニュ・モストウである．その直後にサーストンはまったく
別の見方で同じ複素双曲構造の族を与えた．両者の族を与えるパラメータは背
景が異なり一見無関係に見えるが，実は等価である．ドリーニュ・モストウの
場合は，後で記す超幾何関数の多変数類似の指数に現れるパラメータで，

$$\mu = (\mu_1, \mu_2, \ldots, \mu_n) \quad \text{ただし} \quad 0 < \mu_j < 1 \quad \text{かつ} \quad \sum_j \mu_j = 2.$$

サーストンの場合は後に記す球面上の平坦構造の錐状の特異点の周りでの錐
角で，

$$\theta = (\theta_1, \theta_2, \ldots, \theta_n) \quad \text{ただし} \quad 0 < \theta_j < 2\pi \quad \text{かつ} \quad \sum_j (2\pi - \theta_j) = 4\pi.$$

両者のパラメータは

$$\theta_j = 2\pi(1 - \mu_j)$$

という関係にある．両構成に共通するのは出発点で，指定した n 点配置 $m = (m_1, m_2, \ldots, m_n) \in \mathcal{M}$ に対して定義される多価の 1 次微分形式

$$\omega_{m,\mu} = \prod (z - m_j)^{-\mu_j} dz \tag{8.2}$$

である.

ドリーニュ・モストウの構成は, $m \in \mathcal{M}$ の補空間

$$P_m = \mathbf{CP}^1 - m$$

上のパラメータ μ に従って各 m_j の周りで捻った複素直線束 $L_m(\mu)$ から始まる. このとき, $L_m(\mu)$ を係数にもつド・ラームコホモロジー理論を適応すると,

$$H^1(P_m\,;\,L_m(\mu)) \tag{8.3}$$

は $n-2$ 次元の複素ベクトル空間となる. P_m 上に (8.3) が載る状態を層の理論を使って $\mathcal{M}$ 上の平坦ファイバー束に拡張し, その射影化束を $B(\mu)$ で表すと, すべての構成が同変で, $\mathrm{PGL}(2,\mathbb{C})$ の作用で割れば, $\omega_{m,\mu}$ は m を動かすことにより, 切断

$$\omega_\mu : \mathcal{Q} \to B(\mu)|_{\mathcal{Q}}$$

を定義する. これを普遍被覆にもち上げると, 平坦性から

$$\widetilde{\omega}_\mu : \widetilde{\mathcal{Q}} \to B(\mu)|_0 = \mathbf{CP}^{n-3}$$

が得られる. さらにこの写像が局所双正則で, 像がポアンカレ双対性から定義される $H^1(P_m\,;\,L_m(\mu)) \cong \mathbb{C}^{n-2}$ 上の符号数 $(n-3,1)$ のエルミート計量に関する負値領域の商である球体 $\mathbf{B} \subset \mathbf{CP}^{n-3}$ に一致する. こうして $\pi_1(\mathcal{Q})$ から Isom $\mathbf{B}$ への表現の族が得られる. ドリーニュ・モストウはこの族から表現が離散的になる μ の条件を導き, 有限個ではあるが十分豊富な数の複素双曲格子を見出した. この高度に抽象的な代数幾何的構成を可視化するのは筆者の能力を超えており, ドリーニュ・モストウの構成の説明はここまでに留める.

　一方, サーストンの視点はまったく異なるがいくぶん可視化可能である. まず, P_m を $\theta_j = 2\pi(1-\mu_j)$ に依存するユークリッド錐球面と解釈した. 出発点はやはり (8.2) の多価の微分形式 $\omega_{m,\mu}$ である. P_m 上に基点 $*$ を選び,

$$h(z) = \int_*^z \omega_{m,\mu} = \int_*^z \prod (t - m_j)^{-\mu_j}\, dt \tag{8.4}$$

で定義されるシュワルツ・クリストフェル写像を, P_m 上のユークリッド構造

の展開写像と考えた．その根拠は，h の前シュワルツ微分

$$\frac{h''}{h'} = \sum_j \frac{-\mu_j}{z - m_j}$$

は一価で，特異点 m_j の周りの解析接続はユークリッド計量を保存する写像を掛けることに相当することが計算できるからである．さらに，こうして得られるユークリッド構造の完備化は，m_j が錐角 θ_j の特異点として付加される．すなわち，データとして m と θ あるいは μ が与えられると，$\omega_{m,\mu}$ を通して球面上に錐点をもつユークリッド構造が与えられる．例えば正 4 面体は，辺の内点の近傍では折れ曲りを展開すれば自然に平坦構造が入るので，四つの頂点で錐角が π の特異点をもつユークリッド構造を表していると見なせる（図 8.6）．

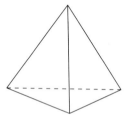

図 8.6　$\theta_1 = \theta_2 = \theta_3 = \theta_4 = \pi$ のとき

　ここで m を動かしたモジュライに複素双曲幾何構造を与える方法は，バタフライムーブの複素版に他ならない．凸多角形の場合は大域的に扱いが可能だが，リーマン球上の n 点配置となると話は局所的にせざるを得ない．そこでユークリッド錐球面を測地線で 3 角形分割し，直接，複素双曲幾何の局所座標を与える．とりあえず測地線による 3 角形分割を選び，その向き付き辺の集合を E で表す．

　このとき，各辺の終点から始点の差をとる写像を $z_m : E \to \mathbb{C}$ で表すと，z_m は，3 角形の境界をなす 3 辺 α, β, γ に対してコサイクル条件

$$z_m(\alpha) + z_m(\beta) + z_m(\gamma) = 0$$

をみたし，$\pi_1(P_m)$ の作用との整合性をもつ．さらに $\omega_{m,\mu}$ から z_m の射影類への対応は，μ あるいは θ に関して局所位相同型であることがわかる．すなわ

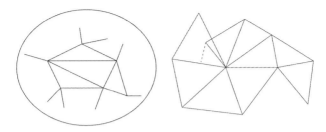

図 **8.7**　ユークリッド錐球面の 3 角形分割と展開図

ち，コサイクルの射影類の空間が $[m] \in \mathcal{Q}$ の $n-2$ 次元のユークリッド空間と位相同型な局所座標近傍を与える．

ここで面積の -1 倍という複素関数を考えると，バタフライムーブのときと類似の議論で符号数が $(n-3, 1)$ のエルミート形式が得られ，射影類の代表元として面積一定の部分を選べば，モジュライ $\mathcal{Q}$ に複素双曲幾何構造が入る．その完備化は，パラメータ θ あるいは μ に従い複素余次元 1 の部分集合を錐状の特異集合とする特異複素双曲幾何構造を与える．サーストンは複素双曲格子を得るために，完備化が軌道体になるための θ の条件を求め，ドリーニュ・モストウが発見した格子を再発見した．

この壮大なストーリーを理解するのに，もし大掛かりな代数幾何の手法に馴染みがない場合は，まずサーストンの論文を読んでその後でドリーニュ・モストウの論文を後ろから読むのがお勧めである．

参考文献

[8-1] 小島定吉，『多角形の現代幾何学（増補版）』，牧野書店 (1999).

[8-2] W. Thurston, Shapes of polyhedra and triangulations of the sphere, Geom. & Topol., Monographs, 1, The Epstein birthday schrift. (1998), 519–541.

[8-3] W. Thurston, *Three-Dimensional Geometry and Topology*, Vol.1, edited by Silvio Levy, Princeton Mathematical Series, 35., Princeton University Press (1997). 邦訳：小島定吉監訳，『3 次元幾何学とトポロジー』，培風館 (1999).

V部

サーストンが遺したもの

第 **9** 章

Eightfold way

小島 定吉

クラインの 4 次曲線とよばれているたいへん対称性の高いリーマン面がある. 代数的には，$\mathbf{CP}^2$ の同次座標を用いて

$$x^3 y + y^3 z + z^3 x = 0$$

で定義される曲面（$\mathbb{C}$ 上の代数曲線）である．その対称性の表現の一つとして，頂点での角度が $120°$ の双曲正 7 角形 24 枚により分割される種数 3 の双曲曲面としての表示がある．サーストンはこの曲面がもつ対称性を八曲り（Eightfold way）と表現した．勝手な頂点から辺に沿って進み，つぎの頂点に着いたら右，そのつぎは左，右左 ... とジグザグに進むと 8 回で元に戻るという意味である．この表現を使えば，正 4 面体は四曲り，正 6 面体は六曲り，正 12 面体は十曲りとなる（図 9.1）．クラインの 4 次曲線にはクラインが一冊の本を書くほど豊かな構造があるが，サーストンの視点はまったく新しい．

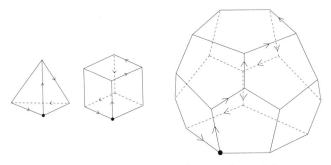

図 9.1　正 4, 6, 12 面体は四曲り，六曲り，十曲り

曲面の対称性は，作用に整合する幾何構造を入れることにより商が幾何構造

をもつ軌道体と考えることによって表現できる．一番素朴な 2 次元軌道体は 3
角形で，各辺が鏡映変換の固定点集合に対応する．軌道体としての基本群は 3
角形群で，頂点での角度が π の整数商で，三つの角度が $\pi/p, \pi/q, \pi/r$ とする
と，$1/p + 1/q + 1/r$ が > 1 のとき球面幾何，$= 1$ のときユークリッド幾何，
< 1 のとき双曲幾何が対応する．この軌道体を $\Delta_{p,q,r}$ と表す（図 9.2）．

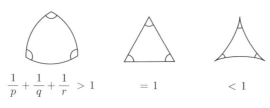

$$\frac{1}{p} + \frac{1}{q} + \frac{1}{r} > 1 \qquad = 1 \qquad < 1$$

図 **9.2**　$\Delta_{p,q,r}$

双曲幾何の場合，$\Delta_{p,q,r}$ の面積は

$$\mathrm{Area}\,\Delta_{p,q,r} = \pi \left(1 - \frac{1}{p} - \frac{1}{q} - \frac{1}{r} \right)$$

である．$1 - (1/p + 1/q + 1/r)$ の最小値は $\{p, q, r\} = \{2, 3, 7\}$ の場合に実
現され，$\mathrm{Area}\,\Delta_{2,3,7} = \pi/42$．クラインの 4 次曲線はこの面積最小の $\Delta_{2,3,7}$ を
対称性の商にもつ．種数 3 の曲面の面積は 8π であり，クラインの 4 次曲線の
対称性は位数 336 の群で，その向きを保つ対称性からなる指数 2 の部分群は，
$\mathrm{PSL}(2, \mathbb{F}_7)$ に同型である．14 個の $\Delta_{2,3,7}$ を集めてできる 7 角形が 24 枚でき，
これが八曲りの土台である．

　サーストンが MSRI の所長を務めていたころ，八曲りに関する講演を聴く機
会に恵まれた．24 枚の 7 角形をどう張り合わせればクラインの 4 次曲線が得ら
れるかをコード化するのは容易ではない．以前，日本数学会は「湘南数学セミ
ナー」という企画を主に高校生向けに実施していて，2003 年の暮れに筆者が担
当し，極めて優秀な中高生を対象に話をした．そのとき聴衆の間でモジュライ
という概念の理解に差が生じたため，全員に理解してもらうためグループを二
つに分け，理解が進んだグループに 7 角形を 24 枚張り合わせて曲面を作れと
いう課題を出して自習してもらった．さすがに難題でその日は誰も回答できな

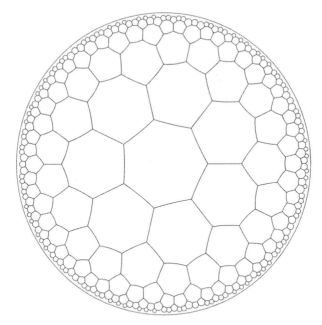

図 **9.3** クラインの 4 次曲線の展開図（文献 [9-4] から）

かったが，翌日回答を持って来たのが数学オリンピックメダリストの入江慶[1]氏である．

　サーストンは講演で，御祖母様が作った布製のオブジェを振りかざして，八曲りのコード化を解説した．その表現は天才的である．24 個の 7 角形に背番号である文字を用意して行列に並べる．これから張り合わせのルールを読み取るのである．まず 24 個の 7 角形に名前を a から x までのアルファベットを使って背番号をつけておく．さらに特別な記号 ♯ を使って，縦横に周期 7 の表を，♯ は一つ，a から x までは二つずつを使って，さらに ♯ では 180 度回転対称に作る．これだけの説明で，文献 [9-4] には図 9.4 が提示されている．

　この表から，背番号 * をもつ 7 角形の周りにどのような背番号をもつ 7 角形が集まるかを読み取る．方法は以下のとおりである．仮に * = z を注目する 7 角形としよう．最初にすることは ♯ と z を他の文字を通過しないように線分

---

[1] 現 東京大学大学院数理科学科 准教授

```
#  a  b  c  c  b  a  #  a  b  c  c  b  a  #
d  e  f  g  h  i  j  d  e  f  g  h  i  j  d
k  l  m  n  o  p  q  k  l  m  n  o  p  q  k
r  s  t  u  v  w  x  r  s  t  u  v  w  x  r
r  x  w  v  u  t  s  r  x  w  v  u  t  s  r
k  q  p  o  n  m  l  k  q  p  o  n  m  l  k
d  j  i  h  g  f  e  d  j  i  h  g  f  e  d
#  a  b  c  c  b  a  #  a  b  c  c  b  a  #
d  e  f  g  h  i  j  d  e  f  g  h  i  j  d
k  l  m  n  o  p  q  k  l  m  n  o  p  q  k
r  s  t  u  v  w  x  r  s  t  u  v  w  x  r
r  x  w  v  u  t  s  r  x  w  v  u  t  s  r
k  q  p  o  n  m  l  k  q  p  o  n  m  l  k
d  j  i  h  g  f  e  d  j  i  h  g  f  e  d
#  a  b  c  c  b  a  #  a  b  c  c  b  a  #
d  e  f  g  h  i  j  d  e  f  g  h  i  j  d
k  l  m  n  o  p  q  k  l  m  n  o  p  q  k
r  s  t  u  v  w  x  r  s  t  u  v  w  x  r
r  x  w  v  u  t  s  r  x  w  v  u  t  s  r
k  q  p  o  n  m  l  k  q  p  o  n  m  l  k
d  j  i  h  g  f  e  d  j  i  h  g  f  e  d
#  a  b  c  c  b  a  #  a  b  c  c  b  a  #
```

図 **9.4** 張り合わせコード（文献 [9-4] から）

で結び，それを延長した直線を考えることである．つぎにその直線に一番近い左側（あるいは右側）に平行線を引いて文字を 7 個読む．

アイデアに慣れるために例を記す．a と名付けられた 7 角形には $defghij$ という七つの 7 角形がこの順番で張り付く．e と名付けられた 7 角形には $adltvnf$ という七つの 7 角形がこの順番で張り付く．これらの例に比べ少し難しくなるが，t と名付けられた 7 角形には $loirbve$ という七つの 7 角形がこの順番で張り付くことを確認してほしい．最後の場合の「少し難しい」という表現は，サーストンの原著 [9-4] からの引用である．これに加えサーストンは，自らが記したコード化が有効であることを，タイル張りの図 9.3 を論文に残し読者が自ら文字を埋めて確認することを勧めている．サーストンの若いころの論文はこうし

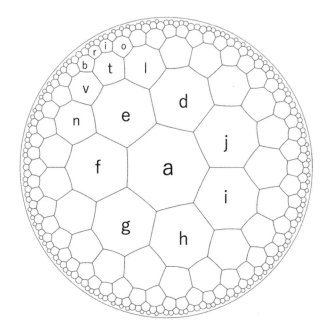

図 **9.5**　なぜかうまくいくコード表

た配慮はまったくなかったが，ずいぶん丁寧な説明を加えてくれるようになった．とはいえ，この文字の表がなぜクラインの 4 次曲線の対称性を記しているかの説明はなく，天才ぶりは顕在である．

　コード表の謎はともかく，これに留まらないところが数学を語ることに腐心するサーストンである．彫刻家であるフェルガソン（Helaman Ferguson）に協力を求め，MSRI の庭にクラインの 4 次曲線の彫刻を設置した．土台に 7 角形によるタイル張りを敷き，中心の 7 角形の上に彫刻を置いた．現在は MSRI の施設が拡充されたため場所を移しているが，設置当時は図 9.6 にあるように，たいへんシンボリックな場所に置かれていた．

　MSRI はサーストンが所長を務めている間アウトリーチ活動も積極的に努めることになる．あるときサーストンがフェルガソンの彫刻を撫でながらグループで訪問してきた小学生に対称性を説明していたが，その話しぶりは確かに小学生に希望を与える目線があった．

図 **9.6**　クラインの 4 次曲線（フェルガソン氏より提供）

　クラインの 4 次曲線のような高い対称性をもつリーマン面は，サーストンの複素双曲格子の構成論からも得ることができる．サーストンの複素双曲格子の源泉はリーマン球上の重み付き点配置の射影同値類であった．この実スライスは，円周上の重み付き点配置の射影同値類である．これを曲面に結びつけるには，点の個数を 5 とし，高い対称性を得るため重みは一定であるとする．5 点が特記された円周は，シュワルツ・クリストフェル写像（8.4）で等角 5 角形に写される．このモジュライは双曲正直角 5 角形になることは図 8.3 で解説した

図 **9.6** について　写真の彫刻は，Helaman Ferguson 氏により制作された "Eightfold Way（八曲がり道）"．以下は氏による回想：

　Bill Thurston himself personally and his geometrical and mathematical work generally has had a great influence in the development of my mathematical sculpture.

　In August 1993, when I installed my "Eightfold Way", Thurston, who was Director of MSRI at the time, watched my installation closely. When I erected the solid black curvaceous heptagonal plinth in its central socket of the heptagonal hyperbolic tiling he gasped, "now, that is geometry".

　I knew then that I had succeeded quite beyond my expectations to so touch that great mind and heart.

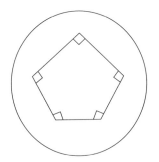

図 **9.7** 直角正 5 角形

が，図 9.7 として再掲しておく．

　円周上の点配置のメンバーである点にラベルをつけると，五つの点が円周上に並ぶ順番ごとに双曲正直角 5 角形がある．五つの点を円周上に並べる並べ方は五つの文字の円順列であり，24 通りある．したがって，ラベルがついた円周上の 5 点配置のモジュライは，24 枚の双曲直角 5 角形を各頂点のところで 4 枚張り合わせてできる．これをコード化するのは，クラインの 4 次曲線の場合に比べ著しく簡単である．24 枚の 5 角形に $\{1, 2, 3, 4, 5\}$ の円順列で背番号をつけて，円順列で隣接する二つの数字を適当に並べて張り合わせ関係を書き下すのは，サーストンのような天才肌は必要なく，仕組みを理解すれば極めて機械的にできる．詳細は拙著 [9-3] を参照されたい．

　そこで筆者はサーストンを真似してこのモジュライをペンタゴンと名付け，実際に作ってみた（図 9.8）．サーストンが御祖母に頼ったように筆者にも縫い物の作成は無理で，パターンを娘に作ってもらい，家内が縫い合わせた．結構たいへんな作業で，最初は二晩かかった．これが 10 年以上の後にアパレル業界の ISSEY MIYAKE との遭遇につながる．

　ポアンカレ予想が解決したのを機会に，NHK スペシャルが「100 年の難問はなぜ解けたのか〜天才数学者 失踪（しっそう）の謎〜」という番組を放映した．その番組制作記が 2008 年にディレクターの春日真人氏によって上梓された（文献 [9-2]）．それを六本木の本屋で見た当時 ISSEY MIYAKE のクリエイティブ・ディレクターであった藤原大氏が興味を持ち，筆者のところにコンタク

図 **9.8**　ペンタゴン

トしてきた．筆者が当時在籍していた東工大で一度面会し，数学のオブジェを
三つ披露した．一つはサーストンの学生だったウィークスが作成した "Curved
Spaces" というフライトシミュレータで，曲がった空間の中を動くとどのよう
に視界が変化するかをディスプレイ上でインターラクティブに体験できる（図
9.9）．

　二つ目は阿原一志氏と荒木義明氏が作成した 3 次元フラクタルを埋め込んだ

図 **9.9**　Curved Spaces のディスプレイ・イメージ

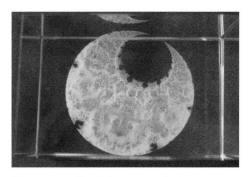

図 9.10 阿原・荒木による 3 次元フラクタル

クリスタル（図 9.10）．これは 4 次元クライン群の極限集合であり，マンデル
ブロー集合のような自己相似で極めて複雑な立体がレーザー照射により描かれ
ている．

　最後が家内が縫ったペンタゴンである．藤原大氏はアパレル業界の方であり，
コンピュータのディスプレイ上の画像やクリスタルのような硬いものよりも，
布のような柔らかいものに興味を持ったようで，その後 ISSEY MIYAKE のス
タジオでワークショップを開くことになった．

　藤原大氏が率いる当時のパリコレチームのフットワークは見事で，ワーク
ショップの翌週にはサーストンに会いにイサカに出向き，ペンタゴンを片手に
いろいろな企画を相談したそうである．その後のサーストンのパリコレへの関
わりは，阿原一志氏の稿（Ⅲ部第 5 章）と同氏の著書 [9-1] に記されている．

参考文献

[9-1] 阿原一志，『パリコレで数学を—サーストンと挑んだポアンカレ予想』，日本評
　　　論社 (2017).

[9-2] 春日真人，『100 年の難問はなぜ解けたのか—天才数学者の光と影』，NHK 出
　　　版 (2008).

[9-3] 小島定吉，『離散構造』，朝倉書店 (2013).

[9-4] W. Thurston, *The Eightfold Way : A mathematical sculpture by Helaman
　　　Ferguson*, MSRI Publications, 35, edited by Silvio Levy (1998), 1–7.

第 **10** 章

想像を超えた知的体験
～再現・サーストン博士インタビュー～

春日 真人

10.1 わからないけど面白い？

　私がサーストン博士に初めてお会いしたのは 2007 年 2 月，テレビドキュメンタリーの取材のためでした．当時「100 年の難問」ポアンカレ予想が解決し，同時に解決者ペレルマン博士（ロシア）が 2006 年のフィールズ賞受賞を辞退したことが世界中を騒がせていました．そこで番組を，ペレルマンの足跡を辿りながら，ポアンカレ予想の歴史を語るというストーリーに設定したのです．当時のIMU（国際数学連合）総裁でペレルマンにフィールズ賞授賞を打診したボール（John Ball）を皮切りに，アメリカ時代のペレルマンをよく知るエリアッシュバーグ（Yakov Eliashberg）やチーガー（Jeff Cheeger），ペレルマンの論文を2 年以上にわたって検証したモーガン，ティアン（田剛，Gang Tian），1960年代に高次元のポアンカレ予想に挑んだストーリングス，スメイル，さらには「ポアンカレ予想の魅力と恐ろしさ」を解説しようと申し出てくれたポエナル（Valentin Poénaru）やハーケンなど，20 人以上の数学者を訪ね歩きました．

　中でも私たちがストーリー上，重要な役割を期待していたのが，ペレルマンが直接「解決した」と宣言した幾何化予想の提唱者，ウィリアム・サーストン博士でした．

　ニューヨーク・マンハッタンから北西へ 280 km．サーストン博士の職場・コーネル大学は，緑あふれる学園都市イサカにありました．大学へ向かうタクシーは，湖や川，滝がつぎつぎ現れる絶景の中を走っていた……はずですが，ディレクターの私（大学での専攻：物理学），そして通訳を務める現地リサーチャーのトレーシー・ロバーツ（専攻：東アジア学）は景色どころではなく，ひたすら想定問答を繰り返していました．私たちはこのとき，三つの質問を博士にぶ

つけようと考えていました．

(1) 自ら提唱した「幾何化予想」がペレルマンの手で解決されたことへの思いは？

(2) 「幾何化予想」や「ポアンカレ予想」とは何か，一般の人にもわかるように説明できないか？

(3) 自身にとって，数学を探求する意味とは何か？

　私たちが特に頭を痛めていた「難問」は (2)．ポアンカレ予想と幾何化予想をいかに魅力的に提示できるか？　それが番組を左右するね……．ギリギリまでそんなことを話しながら，博士のオフィスへ向かう階段を上りました．ドアをノックすると，にこやかに現れた大柄な男性．カールした長い髪に分厚い眼鏡……それがウィリアム・サーストン博士でした．握手した手が，思いのほか柔らかだったことを記憶しています．

　それまでに出会った数学者の誰もが「天才」と評していたサーストン．「彼は気難しいよ」と脅かす人もいました．私たちは，かなりの緊張の中でインタビューを開始したのです．

あなたは，ペレルマンに会ったことはありますか
——いいえ．何年も前に見かけたことはありますが，きちんと話したことはありません．

彼のポアンカレ予想の証明を，どう思いましたか
——証明が正しいのはほぼ確実でした．数学界が検証している段階でさえ，政治や哲学の世界で言う「真実」に限りなく近かった（政治や哲学の世界で「真実」は必ずしも厳密でないという皮肉？）．しかし「証明された」という事実より，その思考過程のほうが重要です．数学の価値は，いかに良い道筋で考えるかを探求することにあるのですから．今回の証明が社会にどう評価されるか知りませんが，証明されたという事実が，この分野で引き続き研究する数学者の興味を奪い去らないでほしいと願います．

あなた自身が切り拓き，何年も取り組んできた予想が解決してしまって，拍子抜けしませんか

──複雑です．証明されたのは素晴らしい．自分が証明できればよかったですが，それは人間の本性として，光栄にあずかりたいと思うからです．しかしこのPDE（偏微分方程式）を使った手法は，少なくとも私には証明として明確でないように思え，今も全体像を理解するのに苦労しています．

「トポロジー」という概念を，一般の人にもわかるように説明してくださいませんか

──あなたは，正面玄関からこの部屋（サーストンの研究室）までどのように来たか覚えていますか？

……ええ，だいたい．だいたいは覚えています

──トポロジーというのは，たとえて言えばこの建物の配置のようなものです．「私のオフィスに来るには，ドアを開けて，階段を7段上がった後8m進み，左に曲がって1m進みます．」となります．具体的に描写するのは意外に厄介でしょう？　あなたが今，頭の中に持っている，この建物の幾何学的イメージを表現するのは，難しいはずです．でも，建物の中に長くいて慣れてくれば，物と物の位置関係が直感的に掴めます．数学の理解も同じです．ディテールをずっと眺めていれば，いつしかそれが大きなピクチャーに当てはまってくるのです．

　そう言っていたずらっぽく笑ったサーストン博士．私たちは，驚いていました．数学のアイデアをこんなに身近なたとえ話を使って，楽しそうに話す人物だとは想像していなかったからです．「サーストンはマジシャンだよ」というポエナル博士の言葉がふと頭に浮かびました．

　この人はただ者ではない．魔法の帽子から，今度は何が飛び出してくるんだろう？……早くも，博士の術中にはまっていたのかもしれません．

では，ポアンカレ予想は，一般の人にとってどんな意味を持つのでしょうか．「空間の形を理解する助けになる」という説明もありますが，どういうことで

しょうか

——宇宙空間の形を理解するのには，たしかに幾何学の力も必要でしょう．私は物理学の専門家ではありませんが，現在の一般教養では「宇宙の形は，認識できる範囲においては，かなり平坦だろう」と理解されています．しかし，私の口から怪しい宇宙論を語らない方が賢明でしょう．強調しておきたいのは，たとえそれが物理的な現実と合致しなくても，幾何学で「様々な種類の空間」を想像することは思考のための強力なツールだということです．

どうやら私たちとサーストンは，少し方向性が違うようでした．私たちは「空間」という言葉を「宇宙」と読みかえ，宇宙の形を使ったたとえ話をストーリーの軸にしたいと考えた．一方，博士は「空間」を「宇宙」と混同せず，あくまで数学的概念として理解してほしいと考えていた．このギャップを何とか埋めたいと考えながら，私たちはインタビューを続けました．

3 次元多様体を分解すると，8 つの違った形になる可能性があると聞きました．同じことは，宇宙の形にも適用できるでしょうか

——そのとおり．どんな 3 次元トポロジー現象も，8 種類の幾何（形）に分解できると言えます．でも，**巨視的なスケールで物理的な観測**と矛盾しないのは 3 つだけです．我々自身のユークリッド空間もその一つ．上下方向に均等ですし，どう回転しても，どの角度から見ても対称です．それに対して，8 つのうち 5 つには，識別できる方向があります．垂直方向と水平方向の見分けがつきます．

宇宙自体も，二つ以上に**幾何学的に分解される**可能性はあると思います．その可能性は排除できませんし，ブラックホールが関係している可能性だって……．いや，これはあくまで理論上の想像で，現実的な質問にはなりえません．とにかく，私は怪しい宇宙論の話には立ち入りたくありません．

サーストンは，「物理学（宇宙論）でいう宇宙の形」を，「幾何学で定義される，空間の形」と関連づけて語ることを警戒していました．しかし私たちは，めげることなく博士に挑みました．

番組ではポアンカレ予想について，テレビの視聴者が理解できる説明を考えています．「宇宙の形」について語るのは，人々が理解しやすいたとえではないでしょうか

——私の経験では，「ある宇宙とある宇宙とは，区別できます」と説明すると，多くの人がメンタル・ブロック（マイナスの思い込みや思考停止）を起こすようです．実際の宇宙と結びつけて考えてしまい，かえって混乱するのかもしれません．一方で「頭の体操」と割り切れば，直感的に受け入れてくれます．例えば「鏡のある部屋」という比喩を用いれば，人間は日常的に鏡で複数の自分を見ていますから，ちょっと特殊なイメージを想像するだけで済みます．テレビモニターをこの比喩に入れることもできます．大きな画面がこちらで，テレビカメラが向こうで，こちらのイメージがこれに映写され，向こうのイメージがこちらで……．複雑かもしれませんが，「種類が違う複数の空間」を語るための比喩としては有効だと思います．

　私が以前，制作に携わった “Not Knot” という映像の場合，数学や物理の知識がある大人の多くは抵抗感を示しました．しかし子供たちは，面白がって何回も繰り返し見て，直感的に概念を理解してくれました．芸術的センスがある人も，受け入れてくれたようです．

　大切なのは，視聴者に「これは，考えるべき話だ」と思わせない方法を考えることです．もし「宇宙を違う形に曲げてみると……」などと説明し始めたら，視聴者は「今あなたはどこに立って話しているの？　異次元の世界ですか？」などと，的外れな心配に時間を費やすことになりかねません．

　サーストンは「宇宙の形」のたとえの代わりに，1980 年代に自らが一般向け教材として開発した “Not Knot” や “Curved Spaces” など，幾何の世界を CG で映像化した手法を強く勧めました．それはたしかに，トポロジーの「空間」の概念を「数学のイメージ」を使って真正面から伝えようという，野心的な試みでした．

　一方，私たちが「宇宙の形」をたとえにして考えていたストーリーは，以下のようなものでした：

「ポアンカレ予想」は，どのように生まれたのか？　はじめポアンカレは，いわば「地球の形」について考察していた（コメントにときどきいわばを入れるのは，「これはあくまでたとえ話です」という，言い訳です．テレビドラマの最後に表示される「このドラマはフィクションです」みたいなものです ......）．20世紀の初頭，地球は「丸い」と考えられていたが，その形を実際に外から確認する術（視点）はなかった．数学者たちは，いわば「宇宙空間に出られぬまま，地表に貼り付いたままで地球の正確な形を知る方法」を考えたのだ．

　かつてマゼラン艦隊が果たした地球一周を，人々はこう評した．「彼らはまっすぐに進んで元の場所に戻った．だから地球は丸い．」しかし，ポアンカレはもう少し慎重だった．「もしも地球が穴の空いたドーナツだとしたら？　それでも船は元に戻ってこられるはずだ！　ではどうすれば，地球が丸いと言い切れるのか？」ポアンカレはこう考えた（だんだん「いわば」の省略が始まります ......）．「長いロープの一端を港に結び付け，それを持って好きなルートを航海して戻る．ロープの両端を引っ張ったとき，必ず手元に回収できるなら，地球は丸いと言える」．一方，もし地球がドーナツ型なら，ロープが穴にひっかかって回収できないケースが生じてしまう．よって，「ロープが必ず回収できるならば，地球は丸い」——ポアンカレはいわば，それを数学的に表現したのです．

　そして，さらに考えを進めます．「では，宇宙の形はどうだろうか？」3次元空間である宇宙を「外」から眺めることは不可能．しかし地球の場合と同様，ロープを使うアイデアで形を確かめられないか？　「もしロープを持って宇宙を旅行し，どんなルートを通っても元の場所に帰った後で必ずロープを回収できるなら，宇宙の形は丸いと言えるのではないか？」ポアンカレは，この予想を証明できれば「宇宙の形」に迫れる，といわばそう考えたのである ......

　だいぶざっくりした「たとえ」になってしまっています．サーストンに会った時は映像のイメージも固まっておらず，ここまで詳細には話しませんでしたが，彼は「君らの狙いはだいたいお見通しさ」という表情でニコニコ笑っていました．そして，私たちの話を聞き終えてこう言ったのです．

——個人的には，宇宙について話すより，多様体についてストレートに話した方が違和感が少ないと思います．人々（視聴者）には，宇宙の知識はあっても，多様体の知識はないでしょう．無知の状態のはずです．だからこそ，まったく新しいイメージを形作ることができる．視聴者の頭の中に少しだけ植え付けることができます．

　ただし，私の言葉を翻訳したり編集したりする際には好きなようにやってもらって構いません（笑）．もちろん宇宙の話はできます．ただ，半信半疑ですけれどね．

　私たちは博士の温かい言葉に，ただ感謝するしかありませんでした．

　しかしもっとも衝撃を受けたのは，博士の口から「"考えるべき話"と視聴者に感じさせてはいけない」という言葉が出たことでした．それこそ，この番組で**私たちがもっとも心がけていたこと**だったからです．番組が目指すのは，視聴者にストーリーを"最後まで集中して"見てもらい，数学の世界に興味を持ってもらうこと．途中で「本質に関係のない，些末な考え」にとらわれたり，思考の寄り道をされたりすることは極力避けたいと考えていました．ただし，私がここで言う「本質」とは，あくまで「わかりやすいたとえ」を信じてもらうことによって視聴者が得る，数学のイメージにすぎません．

　サーストン博士のパートにおそらく 10 数分しか時間を割けないと考えていた私たちは「番組全体のストーリーに乗って"宇宙の形"にこだわった説明を貫く」ほうが視聴者の混乱が起きないと考えました．つまり，サーストンが理想とする「多様体の世界を語る」言葉こそが，番組のストーリー上では「メンタル・ブロックを生じさせる」ことになると考えたわけなのです．

　一方でサーストンは「今までに多くの視聴者が触れたことのない，多様体の世界を体感・実感してもらうことが数学としては本筋だ．数学の本質に触れる，という意味ではそのほうがメンタル・ブロックがない」と考えていたのだと思います．

　残念ながら本質的な方向性では折り合いがつけられなかったわけですが，博士の基本的なお考えは理解できたと解釈して，私たちはつぎのテーマへと話を進めました．

　取材のもう一つの目的は,「数学者の生き方」を伝えることです. 数学者であるとは具体的にどういうことか？　アイデアはどう浮かぶのか？　書類が山積みされた机に座っていると, 浮かんでくるのですか？「暗い部屋の隅で, 変わり者が研究している」などという偏った描写は望みません

——数学者がどのように発想しているのか？　これは, 我ながら少し謎めいています. 私はコンピュータの前に座って文書を効率よくタイプしていくのが好きですが, コンピュータを使う前は, 頻繁にノートに走り書きしたり絵を描いていました. 今は, 頭で考えながら空間的思考とつながった小さなスケッチやグラフィックを描くことがほとんどない. そのことが, 思考の妨げになっている気がします.

アイデアは, 他の数学者と交流したり, 一緒に考えることから生まれますか

——**他の人と話すことは, 大いに刺激になります**. 多くの場合, 私は自分のアイデアにエキサイトしすぎて, 聞いている人が何をどこまで理解しているか, 興味がなくなってしまいますが……. **しかし「話す」こと自体が, 自分の思考に影響します**. 直感が働いて脳が主題を把握するのです. 私にとって, 数学的思考でもっとも重要なのは, あることが全体的な概念と突然結びついて, 直感的に考えられることです. 誰かに何かを説明していると特別な精神状態になり, そこで全体像のようなものを感じます.

　数学者の頭の中をのぞいてみたい, というテーマに少なからず興奮したのでしょうか, サーストンの目がにわかに輝き始めました. 私たちは, どんどん話を先に進めました.

あなたは, 自分をどんなタイプの数学者だと考えていますか

——私は,「怠け者」ですね（笑）. 特に小学校 4, 5 年生のころは怠け者で, 算数は C でした. 宿題は大嫌い. 面白くなかったからです. 宿題があるといつももっとも簡単な解き方を探し, 独自の方法を思いつきました. 先生はそれを正当な解き方とは認めませんでしたが……. しかし本来は, 進んで間違いをするくらいでなければなりません. 私は色んな物事に関心を持ち, 理解したい欲

望が強い．でも，誰かに指図されて何かをさせられると，うまく考えられません．宿題がそうでした．「不精」や「怠け」には何か意味があります．価値があるはずです．怠けに価値がなければ，人は怠けません．人間のどんな性質にも，同じことが言えます．それは我々の社会でも，きっと何らかの役割を果たしているのです．

どんな研究分野に，惹かれるのでしょうか

——私は人と違った仕事がしたい．例えば，イベントの様々な展示の前で人々が列を作っていたら，迷わず短い列のある展示を選びます．短い列なら，早く順番が来て，すぐ善し悪しがわかりますから．たくさんの数学者が研究しているという事実は，そのテーマの重要性とは一切関係がありません．私は人とは違うもの，風変わりなもの，驚きのあるもの，新鮮なものを研究するのが好きです．しかも，自力でやりたい．数学のもっとも楽しい点は，無に近い状態から始めて，徐々に秩序が見えてきて，それを組み立てて学ぶことにあるのです．他の知識に頼ったりせずにね．

魅力的な考え方ですね．

ポアンカレ予想の話に戻ります．あなたは，ポアンカレ予想に特別な魅力を感じましたか

——大学院に在籍していたころ，ポアンカレ予想は話題の中心で，魅惑的でした．でも，いざまともに取り組もうとして基本的な問題に気付きました．問題を3次元多様体と考えると，基本群が自明であるかどうか，決めるのが非常に困難なのです．良い基本構造が見つからない．

　と同時に，多くのトップ数学者がもがいているのを見て不安になりました．彼らは何ら生産的な答えを出せないか，答えを見つけたと主張しても虚偽であったかのどちらかでした．多くの人々が上手くできないのにがむしゃらに取り組むのは，気が進みませんでした．「怠け者」の性質が功を奏したのかもしれません．そしてあるとき「幾何化予想」に価値があると気付きました．ポアンカレ予想を含むすべての3次元多様体を系統立てるのです．3次元多様体の事例を作り出す方法は簡単です．さらに，それが真実であるかないかを調べ始めるの

も簡単．この事例でできるのか？　この事例はどうか？　なぜすべての事例がそのように働かなければならないのか？　トポロジーの全体像を見るのは，部分より簡単だと思いつきました．結局はその後，「言うは易く，行うは難し」を痛感させられることになるのですが……．

パパキリヤコプロスやスメイルなどの人々には，影響を受けましたか

——彼らは大学院時代，私の英雄でした．当時パパキリヤコプロスは 3 次元多様体に取り組む数学者，とりわけポアンカレ予想の証明に挑む人に対して，著しく注意を払っていました．彼は聴衆の中に必ずいて，最初の間違いに飛びかかるのです．ほどんとが深刻な間違いでした．もちろん，こうした指摘は早ければ早いほど役に立つのですが……．非常に知識豊かで注意深い聞き手なので，パパキリヤコプロスがいるとき，3 次元トポロジーについて話すのは躊躇しました．その分野を詳しく知っているわけでもない私が，彼の目前で素人っぽいやり方をさらけ出すのはあまりに危険でした．

　残念ながら彼は癌になり，半年ほどで亡くなったと聞きました．悲しかったのですが，翌年から低次元もしくは 3 次元トポロジーで講演したり教えるときに躊躇せず，自分のやり方でできるようになりました．「幾何学と創造性」のコースを，コンウェイ（John Conway）やドイル（Peter Doyle），ギルマン（Jane Gilman）などと一緒に教えたことを思い出します．

　そして今度は，私が出張に出かけるとき，コンウェイが「ネコがいなきゃ，ネズミが騒ぐ」と言うようになりました．私が不在なら，みんな自分なりの方法で，自由に物事をできるというのです（笑）．

　他人の方法論に影響されずに自分の方法で考える自由は，何よりも大切です．

以前あなたは「ある専門分野で大成功すると，仲間を失ってしまう」とコメントしました．それはどういう意味ですか

——私が葉層構造の理論を研究していたころの話です．その分野は難問だらけでした．「5 次元球面が葉層構造をもてるか否か？」「6 次元球面は余次元 2 などの葉層構造をもてるか？」多くの数学者が関わり，少しずつ進んでいました．そこで私は，葉層構造を分類する包括的なアイデアを発見したのです．しかし

それ以来，多くの多様体論や研究テーマが急速に消えていきました．仲間たちが「葉層構造論では競争できない，貢献できない」と感じ，別の研究へと離れていったからです．「サーストンがすでに研究しているから，あえてする価値はない．」という話も聞いたことがあります．このタフな経験が私を鍛えてくれました．その後取り組んだ幾何化の理論は葉層構造よりはるかに難解でしたが，今度は，私は学生たちと一緒にじっくりと多くの研究を楽しみました．周囲の人たちが，この幾何学的３次元多様体論の研究に加わって活気あるテーマにしてくれたのです．ある意味で，私がすべてを解決しようと急がなかったために分野が育ったとも言えるでしょう．他の人に研究する余地を残すことは大切です．私は誰よりも先に始め，２年間ずいぶん努力しました．もし私が競争心を持ってすべてにおいて第一人者になろうとしていたら，他の人たちを締め出して，この分野は消えていたかもしれません．

数学の一分野を廃れさせないことは，重要なのでしょうか

——そのとおりです．残念ながら，目立った課題がない数学の分野を活性化するのは難しい．活発な分野には人が集まりますが，アイデアが出尽くすと他へ移ったり，誰も関心を寄せないディテールを研究し始めます．するとその分野は廃れ，忘れられてしまいます．

もし数年後に，他の分野の人々がその分野の数学を使いたいと思っても手遅れです．すでに図書館の本から見つけることも解読することもできないという悲劇が起こります．トポロジーのいろいろな分野が，この繁栄と衰退を経験してきました．自己同相写像の力学は，私自身が理解しようと努力したものの一つです．かなりわかってきた時点で，実は，1930年代にニールセンが，私のしていることと関係の深い研究をしていたと知りました．もしニールセンの研究を知っている人と話せていたら，もっと早く進めたはずです．３次元多様体の分野だってこの先本当に残っていけるのか？　心配です．

私は当時，この話をとても意外に感じました．数学というのは，ロジックの積み木を合理的に，一寸の無駄もなく積み上げてきた完全無欠な学問体系だと思っていたため，“流行りや廃り”“無駄”などが存在するとは予想もしていな

かったのです.

　一方で今, このインタビューを読み返し整理しながら, まったく別のことを考えています. それは, 数学も人間の営みが作り出した, 一つの「文化」なのだという思いです.

　私は 3 年ほど前から, 日本の若い世代に「戦時中の記憶」を伝承するための番組に取り組んでいます. 子供のころ, 祖父や祖母から戦争体験を聞かされた私の世代（1968 年生まれ）と違って, 今の 10〜20 代は, 親戚に戦争体験をした人が一人もいないほど「若い」. すると, 戦争の悲惨なありさまを伝える話をしようにも, 話に出てくる「基礎知識」をあまりにも知らないため, わかってもらうのが一苦労です. 例えば現在では「もんぺ」や「防空壕」の現物を目にすることは稀ですし, それを生活の記憶として語れる人は限られる. すると「戦時中の記憶」はやはり, 伝わらなくなっていく......という実感を持っています. 極端な言い方をすれば,「昭和時代の風俗・文化」を理解していない世代に, 太平洋戦争を実感してもらうのはほぼ無理なのです.......ちょっと関係のない話のようでもありますが, サーストンの「忘れ去られる数学分野」への危機感に接して, そんなことを強く思った次第です. 長い寄り道をしてしまい, 失礼いたしました. さて, 再びインタビューに戻りましょう.

葉層理論のときのように仲間が消えていく体験をしたことは, あなたの数学的発想や数学教育に影響を及ぼしましたか

——私は大きく変わりました.「数学の近視眼」に陥らないように努めたのです. 数学の論理は集中力がなければ学べません. 集中力を深め, 閉じこもってディテールを研究するのです. しかしそれは一部でしかなく, 全体像を捉える直観も必要です. 数学者以外の人, または, トポロジー以外の代数学者などとコミュニケーションするのは「直観」を磨く良い訓練になります. 多くの場合, だれもが外国語のように数学を捉えているからです.

　"Outside In" と "Not Knot" というビデオでは, 数学者の狭い世界だけに存在して外界とつながりのない「数学の精神」を伝えようと試みました. 数学者が扱う数学は, 学校で接するものとは大違いです. 私がコンピュータ・グラフィックスで映像化を試みたのは, 数学で世界を見る方法を伝えるためです.

しかし非常に苦労しました．頭の中にある数学的思考を解体し，専門知識のない人が直観的に理解できるものを作るのが困難だったからです．

　深い知識のある人に数学を語るのは簡単です．しかし，そうでない人がこの特色を捉えられるように語るのは難しい．私は深く考え，多くの層をはぎ取り，変換し，映像作成に至りました．まだ完璧にはほど遠い．しかし，数学のジャーナル誌からも同じくらい遠くなったはずです（笑）．

　サーストン博士を相手に3時間ほど話した後，トレーシーさんが私の方を振り返って尋ねました．
「春日さん．私，全然意味がわからなかった．わかりました？」
「いいや，ほとんど……」
「だけど，面白かったねえ〜！」
私もまったく同じ気持ちでした．結局この日，"宇宙の形"の比喩をどうするか？という最大の懸案には結論が出ませんでした．しかしそんなことが些細に思えるほど，この時の私たちは興奮していました．「わからなかった」，だけど「面白かった」．そんな体験ってあるでしょうか？　数学の素人を相手に長い時間を割いてくれた博士への深い感謝の念とともに，「わからなくても面白い」素敵な番組ができるかもしれない，という微かな予感が心に芽生えていました．

10.2　「数学を楽しむ」天才

　つぎにサーストン博士にお会いしたのは，5ヶ月後の2007年7月．今度はテレビカメラを携えて，イサカの小さな湖のほとりにあるご自宅を訪ねました．博士はちょうど地下室で，息子のリアムくん（4歳）とオモチャで遊んでいる最中でした．二人とも大笑いしていてあまりにも楽しそうだったので，しばらくその様子を撮影させていただき，横からそれとなく質問してみました．

博士，ご自分のお子さんにも数学について話すのですか
──幼いころは自分でやりたいことをやって世界を体験し，いろいろなオモチャに触れることが大事です．大人が言葉にしたり説明できることは，子どもが身をもって体験することに比べたら，極めて限られています．子供に「教え込も

う」と思ったら間違いです．質問に答えるのは重要ですが，例えば掛け算を教えるなんてことは重要ではありません．

　実はこの日，博士は，私たちにもとっておきの「オモチャ」を用意してくれていたのです．

　「では皆さん，庭に出て双曲幾何とは何かを体感しましょう！」そう言って，書斎からスケッチブックとナイフ，ハサミを探し出し，さらにはキッチンからリンゴを持ってきて，先頭に立って庭へと歩き出しました．そして，葉っぱが生い茂った桜やカエデなどの木のもとへ撮影隊を案内し，つぎつぎと葉を採取し始めたのです．

──これはシュガーメープル（カエデ）の木です．木は，葉の形に「曲面」を採用していますが，日向で育つのと日陰とでは形状が異なります．子供たちはよく，花や葉を本の間に挟んで平らな標本にしますが，まったく不自然です．葉は本当は 3 次元の形のままでいたいのです．

　さて，葉を採って幾何を見てみましょう．こうして縁がフリルになっているのは曲率が負のはずです．とても美しい．ちょっとフニャフニャですが……この葉の曲率を測りましょう．まず葉の縁を，輪郭に沿って切ります．ほら，細長い帯ができました．そしたら，このように紙の上で平らにします．

　博士は，葉の輪郭に沿って切り取った帯をスケッチブックの上に載せ，平らにしてからテープで固定しました．すると，切り取る前にはくっついていた端と端が，交差することになります．

──平らに置くと，切り取った帯は，葉っぱの輪郭をなしていたときより丸まるんです．ここの角度を測りましょう．30 度，いや 40 度くらいだ．つまり，この葉は曲率マイナス 40 度なのです．葉っぱによっては，もっと曲がっているものも，曲がっていないものもあります．さあ，今度はリンゴの皮の番だ．

　そう言って博士は，持ってきたリンゴを剝き始めました．リンゴの表面に沿って包丁を一周させ，元の場所までぐるりと剝くと，赤い皮の中に白く「アルファベットの O」が現れました．しかし皮をスケッチブックに貼ってみると，今度

は「C」のように，皮の端っこが開いてしまう結果となりました．

――今度は開いていますね，これはプラス120度くらいです．曲率はプラス120
度で，120π÷180で，(2π)/3．つまりこれは「正の曲率」なのです．葉っぱは
マイナスで，リンゴはプラスでしたね．どうです？　双曲幾何を体感すること
ができましたか？

図 **10.1**　葉っぱとリンゴの曲率（筆者撮影）

　そう言ってニッコリ笑ったサーストン．その時の笑顔は，大声で叫びながら
庭を駆け回っていた息子さんと同じくらい嬉しそうでした．もしかすると，こ
れが「数学を楽しむ」ということなのだろうか？

**博士，幾何学やトポロジーの性質をこの葉っぱのように美しく示すものは，日
常や自然の中で，他にも探せますか**

――幾何やトポロジーは，もちろん日常の中にあります．今あなたは「日常の
中に探せますか？」と質問しましたね．私たちはモノを見るとき，「網膜に映る」
だけでなく「頭脳の目」で見ます．頭脳の中で考えやイメージを形成するとい
う意味です．ある概念を学べば，それが「見える」と私は考えています．例え
ば新しい言葉を覚えると，それまでその言葉を使ったこともないのに，つぎの
日になぜか出会ったりしませんか？　それと同じです．物事を学ぶこと＝物事
を見ることなのです．学んだあなたが見れば，幾何やトポロジーは生活の至る

ところに見えるはずです.

その意味を，もう少し簡単に説明してください

——例えば，今私が持っているハサミ．この刃は 1 ...，2 ...，3 次元で動かすことができます．また，ひっくり返して，こちらに返して，こちらにも返すことができます．次元はさらに 3 つ増えます．もう一つの次元は開いたり閉じたり．3 + 3 + 1 で 7 次元．7 次元多様体．これはトポロジーの考え方です．人間はハサミよりずっと複雑です．ハサミには接点は一つですが，人間には多くの関節があり，どのようにでも動かせます．人間はそれらの次元すべてをどう制御するか本能的，直感的に知っています．それを考えれば，かなり高次元の位相的多様体と言えるのです．

双曲幾何学は貴方にとってより直感的，より自然なのですか

——私にとって双曲幾何が自然なのは，その存在を「知った」からです．最初に学び始めたときは，本物とは思えませんでした．「演繹するとこれこれはこうなる」といった，高校で勉強したユークリッドの公理のような一連の公理にすぎませんでした．それで，双曲の紙を作ろうと思い立ち，間もなく非常に簡単な「双曲の紙の作り方」を発見したのです．実際に作ってみたことで，私は双曲平面が何であるかを正しく評価できるようになりました．決して特別な手法ではありませんが，普通の出会い方でもありません．私にとっては，それをどう作るのか，どう考えるかの用意は（これまでの経験から）できていたのです．

このような幾何があなたを魅了するのはなぜでしょうか

——双曲幾何にはものすごくたくさんの構造物があるのです．例えば，多くの人が 5 種類の多面体「プラトンの立体」を知っています．4 つの 3 角形でできた 4 面体，6 つの正方形でできた立方体，12 の 5 角形でできた 12 面体，8 つの 3 角形からできている 8 面体，そして 20 の 3 角形からできている 20 面体．これらはギリシャ時代から，多面体からなる構造物として知られてきました．でも，双曲幾何学には，それに加えて無限の種類の構造物があります．複雑で面白い，実に美しいパターンがたくさんあって，いろいろな日常生活の物と関係

があります．そういう構造物を見るのが楽しいのです．

家の中や外で，これほど数学に関連したものを見られるなんて驚きでした．
あなたの人生の中での，数学の役割について話してくださいますか
——数学は，世界を理解する知的ソフトのようなものです．数学を使えば，物
事がずっと明確で鮮明に見えるようになるからです．例えば，ある人数でラン
チを食べるとします．よくあるのは，人と椅子のバランスを考えるやり方です．
「椅子のない人は何人？　二人いるから，椅子を2脚持ってこよう．」もう一つ
のやり方は「人々の数を全部数えて，同じ数の椅子を見つける．」多くの人は直
感的に，最初のやり方を選びます．「椅子が足りさえすればよい．だいたいわか
る」と．たしかに8人や12人までなら上手くいきますが，もし遠くから来る集
団が100人だったら，全員座らせるには，数字を使った計算が有効です．訓練
して数学的思考を使うと，それまでより多くを見ることができるのです．

　もう一つ，数学的思考の例を挙げましょう．立方体を知っていますね？　ま
ず立方体の一つの角を下にしてテーブル上に立たせます．一つの角だけがもっ
とも高い位置にあり，その対にある角は高い角の真下で，接地している状態で
す．これをナイフで二つに切ると想像してください．その切断面がどんな形に
なるか，すぐ頭に浮かぶ人はほとんどいません．難しいです．

　でも考える訓練をすれば見えてきます，6角形が．ここで有効なのは，テー
ブル上に想像した立方体を，立方体の形のプールだと考えること．そこに水を
入れていきます．すると，水の表面がまず小さな3角形を作ります．水面はだ
んだん上がってきて，三つの角の高さまでくる．水面が三つの角よりも高くな
ると，その三つの角の正方形の面が3角形の角をへこませ始め，6角形を作り
ます．でも，正6角形ではありません．半分ぐらいまでいくと正6角形になり
ます．このように考える人はほとんどいません．標準的な方法ではないのです．
我々は立方体を見慣れていますが，立方体の中に6角形があるとは普通考えま
せん．でも，このように想像する訓練は面白く，誰もが楽しめるはずです．こ
うしたものの見方は学べます．これが数学の力であり，私にとっての数学の意
味です．

他の仕事をしている自分を想像したことがありますか

——もちろんです．可能性のある仕事はたくさんありました．幼いころは船乗りに憧れ，少し大きくなると神経生理学を勉強したいと思い，その後，生物学者に絶対なると志し……大学では心理学を学びました．しかし教授が「ビル，君の研究は面白い．創造力がある．数学の才能がある．」と言い始めたのです．『モービー・ディック（白鯨）』のような小説についてのエッセーを書いたときは，各章に一定のパターンを発見し，我ながら物事を風変わりに考えるなと思いました．教授は結局，「君は心理学に向いていない．君は数学者だ」と断言し，私はそれになりました．

ポアンカレ予想に挑む人たちのたとえとしてよく使われるのが小説『白鯨』です．エイハブ船長が，巨大な白鯨と命がけで闘う……それは，数学の難問に挑む人々を表すのに適切な表現でしょうか

——私の経験はエイハブとは違います．私にとっての数学は「楽しい」だけ，理に適わないことで悩みません．始める前には何もわからなかったのに，美しいもの，美しいパターンが見えてきたりすると，幸せです．数学の景色は常に進化し変わるので，一時的には謎だとしても，やがてより大きな構造が見えてきます．そして，最終的にはすべてが理解できるようになります．

数学者とは，山頂に挑む登山家だとたとえる人もいます．どう思いますか

——私は，目標に達するまでいろいろな角度からしつこくやってみる傾向があります．実際，良い数学者に必要でもっとも重要なことの一つは，忍耐強いやる気です．理解するまで考え続ける性格です．

　かつて大学院生に忠告したことがあります．優秀で，様々なテーマの幅広い質問には答えられても，何かを掴もうとする気がない学生は成長しないと．一方で，最初は少し鈍いように見え，新しい発想を掴むのに時間がかかっても，掴んだら離さずそれを続ける学生がいます．やる気を持って理解するまで考え続け，最後には良い結果を出す．やる気と興味が能力と共にあることが重要です．数学は，予定されたコースを盲目的に歩く仕事ではありません．良い数学とは，事前には何を見つけるかわからない，どこに行くかわからないものです．不確

実さや，知識の足りなさに対する楽観的な姿勢が，数学者になるための重要な特質なのです．

やらねばならないシンプルな仕事や，どんな行程か予想がつき，誰かが最終的には行うべき仕事がありますが，それは興味深い仕事ではありません．数学界の維持には重要かもしれませんが．

10.3　おわりに

イサカ空港への帰路，車窓を全開にして風を浴びながら，カメラマンがボソッとつぶやきました．

「面白い男だった……」

このドキュメンタリーの人物ロケからイメージショットまで，すべての映像を監督したベテランカメラマン，堀内一路（大学の専攻：美術）です．「知ったかぶり」ができない真っすぐな性格の堀内は，サーストンのインタビューの最中「何を言ってるか全然わからねえ」「どこでカメラをズームインしていいかもわからん」と文句たらたらでした．しかし，ひとたびサーストンが庭に出て葉っぱやリンゴの「幾何」について話し始めると，とたんに何かを感じたのか，にらめっこかと思うほどレンズを博士の顔に近づけ，撮影に没頭し始めました．

実はこの番組企画の立ち上げからもっとも頭を悩ませていたのは，映像の責任者である堀内でした．「数学者の頭の中にある抽象概念」は目に見えない．そこで番組では CG 映像が大活躍したのですが，カメラマンとしては何とか身の回りにある「現実のもの」を工夫して撮影し，数学の概念を感覚的に伝えたかったのだと思います．パパキリヤコプロスが予想の証明を模索するイメージを "絡まった紐をほどこうとする影絵" で表現したのも，「数学者が本当に思索している場面を撮りたい」とスメイル博士にしつこく密着し，仲良くなるために囲碁の相手まで買って出たのも，堀内カメラマンのアイデアでした．

堀内はサーストン博士の姿に大いに刺激されたのでしょう，撮影の後すぐに「三つ穴の物体を思いついた！　撮りに行く．」と言い出しました．そしてその足で，我々をニューヨークの街なかのプレッツェルスタンドに連れて行ったのです（その時の珠玉のカットは，番組でご覧いただけます）．サーストン博士の「数学を楽しむ」力は，恐るべき伝染力を持っていました．

　番組を放送した後，サーストン博士を取材した感想をたくさんの数学者に求められました．堀内カメラマンではありませんが「面白い人でした！」と答えると，若い数学者からは決まって「怖くなかったんですか？」と驚かれたものです．そこで初めて，満面の笑顔で私たちを迎えてくれた分厚い眼鏡の数学者が，どれほど尊敬される偉大な人だったかに気付かされました．それこそ，若い数学者にとってのサーストンは，パパキリヤコプロスのような権威だったのかもしれません．

　でも，私の記憶と取材フィルムに残ったサーストンは違います．彼は「ただ数学を愛した少年」でした．ウィリアム・サーストン博士，数学の魅力を力いっぱい伝えてくださってありがとうございました．

おわり

第 11 章

サーストン先生の回想

広中えり子（山田澄生　訳）

11.1　はじめに

　この章では，サーストン先生の学生やポスドクの人々による回想を集める．これらのいくつかの逸話は，私が直接聞いたものであり，それ以外は 2012 年に氏が亡くなられた後に編集された回顧録（Notices of the AMS, Vol.63, No.1 (Jan. 2016), 31–41）からの引用である．サーストン先生が授業や共同研究を通じて，その独特な流儀で，彼の指導した学生をはじめとする多くの人々に大きな影響を与えた現場の様子を描くことができれば幸いである．この人たちの言葉を通して，サーストン先生の数学に対する先見性への深い尊敬，同時に彼独特のやり方で研究，教育，そして数学コミュニティーの構築に携わった様子が伝わってくるのではないだろうか．章末には，サーストン先生自身による著作からの引用を載せた．ここではオリジナルの英文も記載した．

11.2　先生の教え方，学生の学び方

キャサリン・リンジー（Kathryn Lindsey）：ビルと 5 次元ユークリッド空間に内在する対象を議論していると，つい弱気になって，「この目で見えたらどんなにいいだろう」と言ったんです．ビルは笑いながら言いました，「練習すればなんとかなるさ．」

ベンソン・ファーブ（Benson Farb, Notices of the AMS Vol.63, No.1）：サーストンを博士論文の指導教官としてもつことは，多くの刺激を与えられ，また同時に忍耐を試される経験であった．実際，鼓舞される機会と忍耐の試練は同時にやってくることが多かった．私は博士論文の題材としてカスプ付き負曲率多様体の基本群の理解をしようと決めて，それを彼に伝えると，彼は眩しそう

に目を細めながら遠くを見つめた．そうやって 2 分ほど経つと，私の方を向いて，「ああ，そうか．シャボン玉でできた泡みたいなものだねぇ．でも泡を構成しているシャボン玉同士の干渉には限りがある．」勤勉な大学院生であった私はその場でノートに「シャボン玉の泡，有限干渉」と書き付けた．その後すぐに図書館に行き，その問題に取り掛かった私は自分のとったノートを見て途方にくれた．シャボン玉？　泡？　その後 3 年間必死で取り組んで，私はその問題を解いた．その内容を正確に説明するには多くの準備を必要とするが，今，もし私の博士論文の内容を最大五つの言葉で表現せよと言われたら，「シャボン玉の泡，有限干渉」となるであろう．

セルジオ・フェンリー（Sergio Fenley）：あるとき，ビルと彼のその時の大学院生数名でカヌーで川下りをしたことがあった．浅い川を下って帰りは運河に沿って漕ぎ戻ってくるという危険を伴わないものであったが，私にとっては初めての経験で新鮮であった．私はビルと二人一組でカヌーに乗った．一度私たちのカヌーは転覆して，ボートをひっくり返して元に戻さなければならなくなった．それは，とても楽しい日帰り旅行となった．あの日，私たちと共に過ごしたビルはリラックスした感じで，それは私たちにとってはありがたいことであった．なぜならプリンストンの大学院での日々は，とても厳しく，決して気を許すことのできる雰囲気ではなかったからである．

リチャード・シュバルツ（Richard Schwartz）：プリンストンの大学院の 2 年生として，私はサーストンに博士論文のテーマを選ぶにあたって，どうしたらよいかわからないと相談した．そのとき，彼は，私にもっとよく知りたいことを 10 個選んでリストを作ってごらんと言った．私がその後，セル・オートマトンから調和微分形式まで自分の好みにまかせて選んだトピックを書いたリストを彼に渡したとき，彼は少し笑って一言「うん，いいんじゃない」と言った．このリストに関してはそれっきりであった．

リチャード・ケニヨン（Richard Kenyon）：私が大学院生のとき，そのころ研究していたあるフラクタル集合（Barnsley 空間の境界）のちょっとしたビデオを作成した．ある日，ビルが私の部屋にやって来てそのビデオを見て，いくつ

かの質問をした後，少し考えてから「わかったよ，これは回転数だ！」と言った．そのとき，たしかに私は 100%賛同したのだが，彼が部屋を出た瞬間，そのアイデアは霞のように消えた，まるで夢から覚めたときのように．

ヤイール・ミンスキー（Yair Minsky, Notices of the AMS Vol.63, No.1）：数学の会話をし，数学の内容を説明するサーストン独特のスタイルは，良くも悪くも，私自身の数学に対する姿勢を決定づけた．その中でもっとも影響を受けたことは，あらゆることを可能な限り直感的に直接的に理解することへのこだわりである．彼にとって，数学的な構成法や数学的証明に対する明確な心象は，いかなる形式的な議論や計算よりもはるかに大切なことであった．彼自身この姿勢から多くの収穫を得たし，また周囲に多くの新しい数学の発現を誘導したが，一方で欠点も抱えていた．彼の講義では，0−1の法則があった．つまり，彼の思い描いている描像や構造を追うことができたとき，聴衆は素晴らしい洞察を享受することができる反面，それらを追うことができなかったとき，講義の終わった後に黒板やノートに残ったものといえば，幾何学的な議論の際に用いられた落書きのような跡のみであった．そういうとき，私は手ぶらで帰るほかなかったのである．

　彼が自身の膨大な幾何学的心象風景から洞察を導く様子を今となって思い出す．同時に，一人の学生として，彼の直感のほんの一部でも体得しようと必死に奮闘する自分を懐かしく思う．彼は数学を説明する際，目は半分閉じていて，少しだけ笑っていた．その表情は，彼に何かが鮮明に見えていることを物語っていた．もちろん，これは神秘主義の話ではなく，数学のことである．このサーストンの頭にある鮮明な像は，最終的には，証明，正確な命題，時には公式となって姿を現した．私が彼の証明を理解できないとき，まずビルは証明の詳細を説明してくれることはなかった．その代わりに，まったく別の証明方法を説明するのだった．このプロセスは，私に異なるアイデアが互いに相関する様子を垣間見る機会を与えてくれた．

リチャード・シュバルツ：私は，ある方法を用いて，ついにサーストンとコミュニケーションを確立することに成功した．大学院の最初の数年間，私は彼の言うことをほとんど理解することができなかった．彼の説明はいつもとても早急

で，そしてとても凝縮された表現を用いた．しばらくして，私は彼が一つの文章を終えるごとに彼の言葉を中断して，その文章の意味を問い詰めることを覚えた．幸い彼はそれをまったく嫌がらなかった．少なくとも，迷惑がる素振りは見せなかった．この方法を見出した後は，私は彼の言うことをかなりよく理解できるようになった．

ジュネヴィーヴ・ウォルシュ（Genevieve Walsh）：私にとって思い出深いこととして，彼の教育に対する姿勢があります．彼は授業前に私に何かを（今から考えるととても丁寧に辛抱強く）説明してくれるのですが，そういうときは大抵授業の開始時間がやってきます．数分後，彼は「さあそろそろ本当に授業の準備をしなきゃ」と言って，その時点で私は彼の研究室を後にします．それから 2 分後に彼は，箱いっぱいに数学関係のおもちゃを持って教室に現れます．言うまでもなく，その授業はとても楽しく，そして混乱したものでした．

　最初に私が受講したビルによる講義に，微分幾何学がありました．彼の講義はとりとめのないおしゃべりになってしまうことが多かったのですが，ある日私の先輩が我慢に耐えかねて，「私にはこの定理のいう命題が理解できない．黒板の絵も理解できない．仮定があって，論理の矢印があって，結論が黒板に書かれているといいんですが」と言いました．ビルはまったく気分を害することなく，黒板にもう少しだけ詳細に定理の内容を書きました．授業中に迷子になってしまった学生が質問することを心底快く受け入れました．その一方で，彼は良い教育者として，公式を提示することを拒否しました．公式は我々が自分たちで見つけるものなのです．

セルジオ・フェンリー：大学院生として学期中は週一回 1 時間ビルと会って話した．私は depth-one の葉層構造を題材に研究をしていたので，そのことを中心に面談したが，ビルはいつも会話の途中である構成や事実に夢中になって，その後はもう彼を止めようがなかった．彼は，アノソフ流や測地線流，群作用等多くのことを堰を切ったように話しだして，それらの事柄の間にある深い関係性や構成を語った．その時の私には，彼の話にとてもついて行くことはできなかった．彼は，数学を扇情的な方法で美しく，興味深く，そして魅力的に見せる方法を知っていた．相手が，彼の言っていることを（ほとんど，またはまっ

たく）理解していなくても．面談の後，私は走って自分の部屋に戻って，彼の言ったことを書き留めようとした．その後，何年も経った後，その時のノートを見返すごとに，私は何度「ああ，あの時のビルの言っていたことは，こういうことだったのか」と感嘆したことだろう．実際，あのビルのとりとめのない怒涛のようなおしゃべりのいくつかは，私のキャリアの中でかけがえのないプロジェクトになった．

　博士号を取得した後，私はアノソフ流の研究を始めた．ある意味ではアノソフ流は，多くの場合，葉が稠密に存在しているという意味で，depth-one の葉層構造とはまったく対称的な状況だったが，私の研究におけるこの二つのトピックの連想は明らかにビルによって仕掛けられたものだった．私が相談をしにビルの研究室に行くと，彼は机に向かってコンピュータの端末を見ていた．彼が，いったい何をやっているのかは知る由もなかった．そのようなとき，私は，「ああ，自分の言っていることはまったく聞いていないな」と思いつつ彼に向かって説明した．ある日，互いに自由ホモトピックな閉軌道が無限個ある状況を解説していたとき，ビルはふと顔を上げて，自由ホモトピーに関わる箇所について質問した．私は，そこに技術的な問題はないと確信していたのだが，後になってビルの懸念が実は当たっていて，この点が重要であることが判明した．彼には同時に複数のことに気を配る能力があることが判明したのだった．

11.3　学生とポスドクへのアドバイス

ハリー・バイク（Harry Baik）：まだ大学院生として若造だったころ，3 次元多様体に関する幾何化予想がペレルマンによって解決されてしまったからには，4 次元多様体のことを勉強した方が生産的でしょうか？と疑問を投げかけました．ビルはつぎのように言ったのを覚えています．「どの分野が生産的であるかって？　まず言っておきたいのは，その質問の答えを今，君が見つけようとすることはない．大学院生がよくやる間違いは，専門分野を早く選びすぎることだ．最初は，いろいろと試して，なるべく多くのことを学ぶようにするべきだ．キャリアの後になるほど，自分の知識に欠落しているものを埋めることは難しくなるんだ．数学は本当は一つにまとまったものなんだけれど，そのつながり方は自明でないことがままあって，その結果，数学者はいくつかの別々の

グループに別れて，それぞれお互いに干渉することなく研究を進めてしまうんだ．それだけに，いろんな分野のことに関して何らかの知識を持っていることは大切になる．なぜなら，自分自身の研究を進めるために，誰と何を議論すればよいか，そのとき判断ができるから.」

「どの分野が生産的であるかって？　その答えは，"誰にもわからない"なんだと思うな．ここ数年で多くの進展があって，研究の勢いがあるのが，どの分野であるかを見極めることはできるかもしれない．でもそれは，その分野がこれから"生産的"であるかということに関しては，マイナスの指標でしかない．研究者っていうのは社会性があるから，今現在，人気のある分野に集まるんだ．でも研究者の集中は，その分野にある新しく肥沃なアイデアの枯渇を早めてしまう．いいかい，最初によいアイデアを持っている人は，その分野の人気が出る前に最初の収穫を済ませてしまう．それから，一つの問いに対する答えが，また新しい問いを生み出すという連鎖ができるが，その分野が"生産的"であるかどうかは，それらの設問の答えが出揃って，はじめて評価できるようになる．そして，そうやって次第に人が集まってくるようになった分野は，拡大し続けることもあるし，急激に勢いを失うこともある．一方で，あまり人気のない分野，流行りとは無関係なひっそりとした分野は，時に誰かが新しい考え方や他の分野との連携性を見つけたとき，急激な発展をすることもあるのさ.」

「例えばピタゴラスの時代に，数を研究してもダメさ，だって数の性質はもうわかっているんだもの．だから幾何学がいいんじゃない？と誰かが言うかもしれない．たしかに整数や有理数の足し算，掛け算に関しては発見することはもうないかもしれない．でも我々は，2000年前には想像もつかなかった数に関する多くの素晴らしい性質や現象があることを知っているじゃないか.」

「別に研究の専門性はランダムに選べばいいって言っているわけではないんだよ．一番大切なのは，何が君にとって興味深い話題かなんだ．ただしそこには，君を先導してくれるかもしれない人たちの興味と専門性との相関も関係してくるけどね.」

そして私の最初の質問「あまりにもたくさん学ばなければいけないことがあって，どこから始めたらよいかわからないんです．どうしたらよいかアドバイスをお願いします.」に対する答えとしては，ビルは「たしかに膨大な量の数学が

あって，それをすべて理解するには500年あっても足りない，それを考えると目眩がするくらいだ.」

　「一番いい作戦というのは，懐疑的，批判的でありつつ，そして同時に謙虚であることなんだと思う．学問における深い理由，本質，意味といったものは，目には見えない．他人の講演を聴くとき（または本や論文を読むとき）もちろん一生懸命講演者の話について行こうとするんだけれど，その言葉の一つ一つを文字どおり理解することは，私にとって，そして他の人にとっても，まず不可能だよ．だから，その代わりに考えるんだ，この人の本当に考えていること，言いたいことは何なのかって．そして，それを自分にとって理解しやすい方法はないのかって．つまり，講演している人の頭の中で起こっている思考の流れに追いつくための近道を見つけようとする．言葉の一つ一つにはとらわれないようにしてね．ちょっと碁のゲームみたいにね，ほら，最初に大体の形を想定して，その後に碁石を，形を実現するための必要に応じて置いていくだろ．だから，話を聴いたり，本を読んだりするときは，それらの情報を文字どおりに取らないという意味で懐疑的な姿勢を保つ．外から入ってくる情報の本当の真髄は何かっていうことを，懐疑的な心で探し続ける．でも同時に，その過程で自分が何かを誤解しているのではないかという可能性も常に心しておく，それが謙虚であることさ.」

　「大学院生のときは，当然様々な話題に生まれて初めて直面するだろう．でも，自分をそういう未知の情報に晒すという行為は，たとえそのとき目が回るように感じても，いいことだと思う．その後で，なるべく早いうちに，目が回らなくなるように努力するべきだけどね．自分の中にある記憶のテープレコーダーを回して，その瞬間に意味を消化できなくても，その情報を覚えておくようにするんだ．それから，その記憶を頭の中で繰り返しているうちに，その意味，重要性がわかることがある．牛が食べた草を反芻するっていう感じかな.」

　「大学院生のときは，ある分野をとても深く掘り下げることが必要になる．でも，その一方でその分野よりずっと大きな領域を自分の中で思い描いて，学んでおくんだ．後で機が熟したときにどこを掘ればよいかわかるようにね.」

イアン・エーゴル（Ian Agol, Notices of the AMS Vol.63, No.1）：ある研究集

会で，グリッド・ダイアグラムを用いて結び目解消操作の解を探す取組みをビル
に話したところ，彼は即座に私の提案を却下した．そしてその場でコンピュータ
の端末に私を連れて行き，SnapPea（ビルの元学生であったジェフリー・ウィー
クス等と共に開発されたプログラム）のデモンストレーションを見せてくれた．
このことは私にとってとても印象的だった．結び目を研究するにあたって，彼
の幾何学的なアプローチは，私の考えていた内在的な 3 次元的アプローチより
もずっと強力であったのである．

　SnapPea は，ハーケン多様体に関する幾何化予想の解決に導いた数学的構成
をサーストンに提供した．彼はその構成法を，さらに非常に具体的な形に噛み
砕いて，非専門家にもわかるように提示した．単純なモデルから出発して，そ
のモデルを非常に明示的な方法で理解して，そのモデルをもとに一般的な状況
の理解への指針とする，という一連の流れがサーストンの数学への姿勢である
ことを，ずっと後になって私は理解したのだった．

ジェフリー・ウィークス（Jeffrey Weeks, Notices of the AMS Vol.63, No.1）：
ビルのアドバイスで私がよく覚えているのは「曖昧な判断をするな，どうして
もしなくてはならないことだけをするんだ．」つまり，ある命題を示そうとし
ているときに，何か人工的な設定をすることが必要になったら，多分その道筋
は間違っているということです．そこで何らかの曖昧な選択をして先に進もう
とするという誘惑には逆らわなければいけないと．そんなときは，一度立ち止
まって，一歩下がって，そしてそのような曖昧な判断を要しない，より必然性
のある道筋を改めて探すのです．

ヤイール・ミンスキー：ビルは数学を伝える方法論，そして数学の研究を進め
る過程をとても大事にした．私自身も，数学というのは定理の集まりではなく，
（考え方の）パターンと構造であるという彼の哲学を常に心している．

セルジオ・フェンリー：私の印象としては，どんな問題に対してもビルはいつ
も「大きな絵，スケールの大きい描像」を頭の中に持っていた．私の博士論文の
課題においても，ある事実，またはある補題がうまく示せなくてもビルは心配
する素振りもなく，一方で私は博士号を取らなくてはならない大学院生として，

証明の中でもっとも大事な「つなぎ」が欠けていることに大騒ぎしたものだった．そして結局は，ビルは正しくて，最終的には命題の証明が見つかるか，または私が必死で示そうとしていた命題，補題を使うことなしに，別の方法で定理が正しいことを示すことができるのだった．彼はこの「大きな絵」を考えるという訓練を自分の学生に徹底させた．これまでの研究者としての人生で，いつも「大きな絵」が私の頭の中に存在するわけではないのだが，それが明確に自分の中にあるときには，いくつかの難題を差し置いても，その研究課題自体はうまくいくのだった．

11.4　研究仲間の回想

クルト・マクマレン（Curtis McMullen, Notices of the AMS Vol.63, No.1）：質問されると，彼は，まるで彼だけのためにある動的な形のモデルを把握するためのようにして，少し遠いところにある空間をじっと見つめた．彼は大抵の場合，その場で，皆の目の前で，授業中に問題の答えを見つけてきた．その答えはどこからともなく現れるようであった．サーストンは，早い時期からまったく異なる考え方を持って訓練をしてきており，人と違う新鮮な視点からすべてのことを見てきたようであった．彼の成し遂げたことをすべて理解するには，既成の概念をすべて捨て去って，一から教育をやり直さなければいけないのであろうか，と思わせた．

ハワード・メーザー（Howard Masur）：だいぶ前のことになるが，ビルが若い研究者に研究のアドバイスをしているのが聞こえてきた．「深く考えるんだ．」その瞬間，私は自分自身がそれまで考えていた問題を，本当に深く考えていなかったことに気付かされた．この貴重なアドバイスは，それ以来，私にとってかけがえのないものとなってきた．

デービッド・エプスタイン（David Epstein）：ビルと数学の議論をするのは，面白くて，刺激的で，そしてイライラすることであった．よく録音機があればと思ったよ．彼と一緒にいるときは，全部理解したと確信するんだ．でも会話を後で思い出そうとすると，いつも難題が浮かび上がる．ある程度自分で整理した後，彼に非常に特定された点について，私の混乱を解消してくれるように

切羽詰まった口調で頼むんだ．すると私の疑問に答える代わりに，「もしかしたら，君にはこっちの証明の方が気に入るかもしれないな」と言って，また説明をしだすんだ．このプロセスが何回も続く．一方で，ビルの講義ノートを読んで，理解して，そこに書かれてあることを整理することは，喜びと報いに満ちた経験で，そこから非常に多くのことを学んだんだ．ノートを出版することを手伝った他の人たちにとっても，その経験はとても貴重だったと思う．

ピーター・ドイル（Peter Doyle）：大学院 2 年生の 1978 年の夏，私はヨーロッパのあちこちを旅行していて，ヘルシンキの国際数学者会議にも参加することになった．私にとっての初めての数学の研究集会で，圧倒されたものさ，特に本会議場での招待講演のものすごい数の聴衆にね．そこでの講演が始まる時，ジーンズを履いた若者が私の座っていた席の横の通路にしゃがんでいたんだ．その彼が，講演者であることに気付いたときはびっくりしたなぁ．ビルはいつもの感じで，長いこと形の説明に時間をかけて，技術的なことはあまり言及しなかった．彼の話したことの中で，特に何度も出てきたのは「皺を伸ばした曲面」（後に「折り目付き写像」と命名された）だった．数千人の聴衆の中の一人がついに我慢しきれなくなって，講演の最中に「皺を伸ばした曲面」の定義を要求したんだ．ビルは，「何を言っているかわかっている限り，定義なんかいらないだろう」と応えてから，そのまま先に話を進めた．私は何のことだかさっぱりわからなかったけれど，でもその講演は聞いていてワクワクするものだった．

フランシス・ボナホン（Francis Bonahon）：私は自分が解けない問題に直面したとき，標準的な方法を一通り試し尽くしたとき，自らに問うんだ；サーストンだったらどうするだろう？　その答えは大抵とんでもないアイデアなんだ，とても正当化できない形式的な計算とかね．でもそういう考え方が，当初に想定した問題の解答よりもずっとオリジナルな形となって現れることがある．私のこれまでの研究でそういうふうにして得られた結果が本当にいくつかあるんだよ．

マット・ヌーナン（Matthew Noonan）：コーネル大学の大学院生のとき，学部 1 年生向けのセミナーで幾何学を担当していた．私はある日，数学科のコモン

ルームで自分の学生と学期末レポートの課題について相談していた．その学生
は，双曲幾何学をもっと学びたいと言ったんだ．ちょうどその時，ビル・サー
ストンが部屋に入ってきて，私はその学生をビルに紹介した．「双曲幾何学を学
びたいんだったら，この先生に話を聞くといい」と言って．ビルは，瞬時にそ
の学生のことを気に入って，コーヒーをご馳走するから，そこでぼくに質問し
たらどうだいと彼に提案した．この学生は，ビルが何者であるか，何をこれま
でに成し遂げてきたかなんて，まったくわかっていないんだ．彼は，世界でも
有数の数学者からコーヒーを飲みながら幾何学を教わろうとしていたんだ．

デービッド・エプスタイン：私は彼にどうやって幾何学的な問題に向かうのか
を訊いたことがある．彼は「自分がその幾何学的な構造よりもずっと小さいこ
とを想像するんだ．そうすると無意識のうちで，その空間がずっと重要に思え
てきて，構造を理解しやすくなるんだ．」つぎに私は，彼に5次元空間をどう
やって思い描くのか訊いたんだ．彼の答え；「目を細めるんだ．」

　誰の発言だったか忘れてしまったが，なるほど，と思ったことがある．「結局
こういうことなんだよな．太陽がいっぱいの砂浜を何人かで歩いているだろう．
すると，時々サーストンは砂の中に何かを見つける．彼が屈んで取り上げると，
大きなダイアモンドなんだ！　他の皆も探しているんだよ，でもなぜか他の誰
にもダイアモンドを見つけることはできない．」

11.5　サーストン，その人となり

イアン・エーゴル（Notices of the AMS Vol.63, No.1）：私が初めてサースト
ンに逢ったのは，MSRIの大学院生用のワークショップだった．彼は指を使っ
て2進法で数を数える方法を見せてくれて，ピクニックに行くときのハイキン
グの歩数をその方法で数えて教えてくれたのを覚えている．

リー・モッシャー（Lee Mosher, Notices of the AMS Vol.63, No.1）：サース
トンと会話することは困難に満ちたことだった．その原因は，彼の不思議な発
言が，こちらの頭を混乱させることもあったし，ただ単に彼の集中力の問題で
あることもあった．

　マット・グレーソン（Matt Grayson）の1983年の卒業式で，彼の父親がサー

ストンと対面したことがあったと．グレーソン氏は息子のところに来て，サーストン先生は会話中も気が散っていてなかなか会話が成り立たないんだよねと不満を言った．マットは，父親に「サーストン先生はいろんなことを同時に考えているんだよ，完全な文章を言う代わりに，単語を一つおきに言ってみたら？」と助言した．後でグレーソン氏が戻ってきて言った．「本当だ，うまくいったよ．」

ダニー・カルガリ（Danny Calegari）：MSRI での「数学とマスメディア」を主題とする集会でのこと，ビルは数学者とジャーナリストを前にして，数学を伝えることという題目で講演したんだ．彼は画架に吊られていた大きな紙に「数学の進化」の過程を説明しながら絵を描き始めた．そこには長い線が横に 1 本描かれてあって，その左端にはトカゲのようなもの，右端には猿と，棒状の人の形をした近代の数学者，という絵であった．

セルジオ・フェンリー：プリンストンは小さな街だったし，それは今でも変わらない．ビルと私は自転車に乗って，40–50 キロ街の北を走った．週末で，道は静かだった．大学院生のとき，私は（特に数学がうまくいかないときに！）自転車にたくさん乗ったものだった．プリンストン周辺は丘陵地帯だったが，ビルは体力があって，まったく疲れる気配はなかった．私は彼が音を上げることを期待していたのだが．

スコット・ウォルパート（Scott Wolpert）：1982 年から 1983 年にかけて，ビル・ゴールドマン（Bill Goldman）と私はサーストンの講演を MIT で聴いた．そのころはビルの研究が世の中に認知されてきた時期ということもあって，たくさんの聴衆がいた．講義室は大きく，巨大なブッフェのように長い教卓がある部屋だった．講義の最中に，突然何も言わずにビルは体を屈めてその巨大な教卓の後ろに消え，静寂が 30 秒ほど続いた．それは長い長い 30 秒だった．そしてビルは再び立ち上がって言った．「靴紐を結んでいたんだ．」

リチャード・シュバルツ：たしか大学院 4 年目のとき，サーストンと一緒に物理学科にカートを借りに行ったことがあった．数学科に戻る時に，ぼくはそのカートに飛び乗って，サーストンが廊下を走りながらそのカートを押したんだ．

シルビオ・レビィ（Silvio Levy）：サーストンはとても寛容で，自分の学生のことをよく気に掛けた．彼はまた，他人に対して批判的な態度をとることがまったくなかった．私が大学院5年目（普通は4年で学位を取得する）のとき，サーストンが数学科のコンピュータに Moria というゲームをアップロードした．教室のアスキーの端末で遊ぶことができるそのゲームに私は夢中になってしまったんだ．中毒のように毎日何時間もそのゲームをして，でもビルがコンピュータ教室に来る時だけ見つからないようにしていた．彼から私への唯一つ，叱責の類のメッセージは，一通のメールを介してだった；

送信元：サーストン

件名：人生

宛先：レビィ

......はゲームではない．

ウィリアム・ダンバー（William Dunbar）：私が博士号を取って1年ほどして，夏にプリンストンに戻ってきたことがあった．私はそのときビルとレーチェルの家の2階に居候することになった．サーストン家での夕食時，私はデザートの取り方に関しての規則についての説明を受けた．それは，おかわりを何回してもよいが，2回目に取る量は1回目の半分，3回目は2回目の半分，というものだった．この決まりはしばらく前から執行されていたようで，サーストン家の子供たち（ナサニエル，ディラン，エミリー）は皆，どんなに頑張っても最初の取り分の倍以上を食べることはできないことがわかっていた．だから，彼らはもう面倒くさいことは最初からしないで，まとめておかわり分を要求していたんだ．

タン・レイ（Tan Lei, Notices of the AMS Vol.63, No.1）：あるとき，ビルは，創造性豊かな人の脳の研究の被研究対象となったことがあった．そのために，脳のテストをし，スキャンをとって，さらにその模型を作った．

　私は，コーネル大学にビルを訪れていた．私が数学のことで集中して何かを考えていると，ビルはメールをチェックして，突然「明日ぼくの脳が届くんだ！」と叫んだ．私は一瞬，何のことかわからなかったが，しばらくしてようやく粘

土でできた彼の脳の模型が，郵送されてくるということを理解したのであった．その脳が届くと，それをとても誇らしそうに誰彼となく見せびらかしていた．実際，私も，この素晴らしい脳（の模型）を自分の手の中に持って眺めていると，妙な興奮を覚えるのだった．

11.6　サーストンの言葉

Mathematics is a process of staring hard enough with enough perseverance at the fog of muddle and confusion to eventually break through to improved clarity. I'm happy when I can admit, at least to myself, that my thinking is muddled, and I try to overcome the embarrassment that I might reveal ignorance or confusion. — in a post on MathOverflow "About me".

数学というのは，乱雑と混乱の入り混じった霧を睨み続けることで，霧の合間から視界が開けるまで，多くの努力と十分な忍耐を惜しまないプロセスに他ならない．私は，少なくとも自分自身に対して，自分の頭の中が混乱していることを認めることができることに幸せを感じる．そしてそのときに，私は自分の無知と混乱を公にすることへの羞恥心に負けないように努めるんだ．—MathOverflow（数学の情報交換サイト）の自己紹介．

Mathematical tradition has a vast breadth. My experiences have led me to believe that in principle mathematics is quite unified, with almost any topic potentially connected to almost any other topic, but that the connections are often disguised and undeveloped... Mathematics is about teaching the human brain how to think. When your brain is educated, you can see much more interesting things and connections. — A quote from seminar notes taken by Daina Taimina in autumn 2011.

数学の伝統は，膨大な領域を覆っている．私自身の経験では，基本的には，数学というのは一つの統合された分野であり，どんな分野も他のいかなる分野と何らかの関係があるものだと確信している．でもその相関性に関しては，多くの場合隠れているか，または未開拓であることが多いんだ．数学というのは，脳に，どうやったら考えることができるようになるのかを教えることと同義なのかもしれない．脳が真っ当な教育を受けると，興味深い事柄がよりよく見え

るようになって，それらの間の関係性も見えるようになるんだ．—2011年秋の Daina Taimina によるセミナーノート．

Mathematics is an art of human understanding... Our brains are complicated devices, with many specialized modules working behind the scenes to give us an integrated understanding of the world. Mathematical concepts are abstract, so it ends up that there are many different ways they can sit in our brains. A given mathematical concept might be primarily a symbolic equation, a picture, a rhythmic pattern, a short movie — or best of all, an integrated combination of several different representations. — A quote from the foreword to "*Crocheting Adventures with Hyperbolic Planes*" by Daina Taimina.

数学は，人間を理解する方法論なんだ．我々の脳というのは，複雑な道具で，多くの特別な役割を担った部分が舞台裏で懸命に働いて，最終的に我々に統合された世界観を提供する．数学の概念は抽象的で，そのせいで，それらの概念は脳のいろいろな場所に巣食うことができる．数学における偉大な概念というのは，大抵の場合，記号としての方程式であったり，絵であったり，規則性のある模様であったり，短い映画であったりするが，一番効果的なのは，それらのいくつかの異なる表現が重層的に組み合わさっている状況かもしれない．—Daina Taimina 著 "*Crocheting Adventures with Hyperbolic Planes*" のまえがき

We mathematicians need to put far greater effort into communicating mathematical *ideas*. To accomplish this, we need to pay much more attention to communicating not just our definitions, theorems, and proofs, but also our ways of thinking.

We need to appreciate the value of different ways of thinking about the same mathematical structure. We need to focus far more energy on understanding and explaining the basic mental infrastructure of mathematics — with consequently less energy on the most recent results. — A quote from "On proof and progress in mathematics" by Thurston.

我々数学者は，数学の概念を世の中に伝えるためにもっと多くの努力を費やさなくてはいけない．この目標を達成するためには，ただ単に，定義，定理，そ

してその証明を説明するだけではなく，私たち特有の考え方をも伝えなくては
ならない．

　私たちは，それぞれの数学的な構造をいくつかの異なる観点から理解して，そ
の複眼的な観点を説明することの価値を，もっと認めるべきだと思う．私たち
は，私たちが数学を考えるときの基本的な心構えを明確に理解して，その理解
を伝えることにもっと力を注ぐべきだ．たとえそうすることで，最新の結果を
伝えることが疎かになってしまったとしても．—サーストン著 "On proof and
progress in mathematics".

The more you make connections, the more you see things as interconnected and
the more you expect these connections. — contributed by Tan Lei

　より多くの相関関係を見出すことで，物が互いにどうつながっているかを見
やすくしてくれ，その結果，さらなる相関性を期待するようになるんだ．—タ
ン・レイ伝

Mathematics only exists in a living community of mathematicians that spreads un-
derstanding and breathes life into ideas both old and new. The real satisfaction from
mathematics is in learning from others and sharing with others. All of us have clear
understanding of a few things and murky concepts of many more. There is no way
to run out of ideas in need of clarification. The question of who is the first person to
ever set foot on some square meter of land is really secondary. Revolutionary change
does matter, but revolutions are few, and they are not self-sustaining — they depend
very heavily on the community of mathematicians. — in a post on MathOverflow
on October 30, 2010.

　数学は，今生きている数学者からなるコミュニティーにおいてのみ存在する．
その共同体は，アイデアの新しい古いにかかわらず，それらアイデアの理解を
促進し，それらに命を吹き込むんだ．数学の真のよろこびは，他から学び，他
と知識を共有することにある．どんな人でも，真に明晰な理解をしている事柄
は限られているし，一方で多くの事柄に関しては漠然とした把握しかしていな
いだろう．明晰にすることが求められるアイデアが出尽くすことは考えられな

い．そして，研究の進展という文脈で，誰がそのある 1 m^2 の土地に最初に足を
踏み入れたかということは，あまり重要ではない．革命的な変化というのは大
切だが，革命はたまにしか起こらないし，その革命だって，数学者の共同体に
しっかりと支えられてこそ起こるんだ，突発的に他からの助けもなく起こる革
命なんてないさ．—2010 年 10 月 30 日の MathOverflow への書き込み

I used to feel that there was certain knowledge and certain ways of thinking that
were unique to me. It is very satisfying to have arrived at a stage where this is no longer
true — lots of people have picked up on my ways of thought, and many people have
proven theorems that I once tried and failed to prove. — in response to receiving the
Leroy P. Steele Prize in 2012.

最初のころは，ある種の知識や，ある種の考え方は，自分だけに特別なもの
と感じていました．そのような感覚がもはや過去のものとなった状況に，今私
が辿り着いたことに，とても満足しています．多くの人たちが私の考え方に共
鳴してくれ，そして多くの人によって，私自身が過去に証明しようとして失敗
した定理を，実際に証明してくれました．—2012 年ルロイ・スティール賞受賞
に際して

Many people think of mathematics as austere and self-contained. To the contrary,
mathematics is a very rich and very human subject, an art that enables us to see and
understand deep interconnections in the world. The best mathematics uses the whole
mind, embraces human sensibility, and is not at all limited to the small portion of
our brains that calculates and manipulates symbols. Through pursuing beauty we
find truth, and where we find truth we discover incredible beauty. — From an essay
distributed during the Miyake fashion show in 2010.

多くの人にとって，数学というものは，無駄が削ぎ落とされていて，他の世界
と関わりのない孤立した分野と思われています．実際は，まったく反対で，数学
はとても豊沃で，とても人間味に満ちた分野です．それは私たちに，この世界に
存在する万物の相関性を体感することを可能にしてくれる芸，方法論なのです．

もっとも高貴な数学は，人間の精神のすべてを駆使し，人間の感受性をすっぽり
と包容します．数学は，決して計算や記号の処理をする脳の一部分に限定され
た行為ではないのです．美を追求することで，私たちは真実を探し当て，そし
てその真実があるところに信じられないような美を発見するのです．─ISSEY
MIYAKE ファッションショー（2010）のパンフレットから

Memorandum

Memorandum

[編者]

小島定吉　早稲田大学理工学術院国際理工学センター　教授
藤原耕二　京都大学大学院理学研究科　教授

[著訳者 (五十音順)]

秋山茂樹　筑波大学大学院数理物質科学研究科　教授
阿原一志　明治大学大学院先端数理科学研究科　教授
春日真人　日本放送協会大型企画開発センター
　　　　　チーフ・プロデューサー
小島定吉　早稲田大学理工学術院国際理工学センター　教授
相馬輝彦　東京都立大学大学院理学研究科　教授
広中えり子　AMS Book Acquisitions　顧問
藤原耕二　京都大学大学院理学研究科　教授
山田澄生　学習院大学理学部　教授

サーストン万華鏡
人と数学の未来を見つめて

A Kaleidoscope of Thurston
–Exploring the Future of People
and Mathematics

2020 年 9 月 25 日　初版 1 刷発行
2021 年 9 月 1 日　初版 2 刷発行

編　者　小島定吉・藤原耕二　Ⓒ 2020

発行者　南條光章

発行所　共立出版株式会社

〒112-0006
東京都文京区小日向4丁目6番19号
電話 (03) 3947-2511 (代表)
振替口座 00110-2-57035
URL www.kyoritsu-pub.co.jp

印　刷　藤原印刷

製　本　加藤製本

一般社団法人
自然科学書協会
会員

検印廃止
NDC 415.7, 410.1

ISBN 978-4-320-11437-1

Printed in Japan